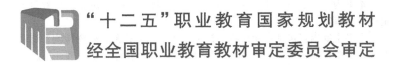

"十二五"职业教育国家规划教材

经全国职业教育教材审定委员会审定

无损检测技术及应用

主　编　杨凤霞　许　磊

副主编　张咏军

参　编　石　鑫

主　审　马康民　党　杰

U0239326

机械工业出版社

本书为"十二五"职业教育国家规划教材，经全国职业教育教材审定委员会审定。

本书主要内容包括：无损检测技术概述，涡流检测，磁粉检测，渗透检测，射线检测，超声检测五大常规无损检测技术的检测原理、检测方法、检测装置和应用实例及无损检测新技术。

本书可作为材料工程技术相关专业的高职高专学生用书，也可作为其他相关专业的参考教材和无损检测技术的系统培训教材。

本书配有电子课件，凡使用本书作为教材的教师可登录机械工业出版社教材服务网 www.cmpedu.com 注册后下载。咨询邮箱：cmpgaozhi@sina.com。咨询电话：010-88379375。

图书在版编目（CIP）数据

无损检测技术及应用/杨凤霞，许磊主编. —北京：机械工业出版社，2013.11（2023.7 重印）
ISBN 978 - 7 - 111 - 44922 - 5

Ⅰ.①无… Ⅱ.①杨…②许… Ⅲ.①无损检测 – 高等职业教育 – 教材 Ⅳ.①TG115.28

中国版本图书馆 CIP 数据核字（2013）第 282895 号

机械工业出版社（北京市百万庄大街 22 号 邮政编码 100037）
策划编辑：王海峰
责任编辑：薛 礼 王海峰 杨 茜
版式设计：常天培 责任校对：李锦莉
封面设计：鞠 杨 责任印制：郜 敏
北京富资园科技发展有限公司印刷
2023 年 7 月第 1 版·第 9 次印刷
184mm×260mm·7.5 印张·183 千字
标准书号：ISBN 978 - 7 - 111 - 44922 - 5
定价：27.00 元

凡购本书，如有缺页、倒页、脱页，由本社发行部调换

电话服务 网络服务

社 服 务 中 心：(010) 88361066 教材网：http://www.cmpedu.com
销 售 一 部：(010) 68326294 机工官网：http://www.cmpbook.com
销 售 二 部：(010) 88379649 机工官博：http://weibo.com/cmp1952
读者购书热线：(010) 88379203 **封面无防伪标均为盗版**

前　　言

随着现代工业和科学技术的发展，无损检测技术在各个工业领域日益发挥着越来越大的作用，因此对相关技术领域的从业人员提出了相应专业知识的要求。作为未来材料领域的从业人员，掌握无损检测相关知识和基本技能，应是必备的基本素质。

本书是为了满足高技能人才的培养目标，为学生的可持续发展奠定良好的基础，使其获得相关知识储备和必备的专业素质，促进无损检测专业教学和培训的系统化而编写的。

本书共分7章：无损检测技术概述，涡流检测，磁粉检测，渗透检测，射线检测，超声检测，无损检测新技术。本书针对五大常规无损检测技术，重点介绍检测原理、检测方法、检测装置和应用实例。本书的编写特色主要有以下五点：

1）立足高等职业技术教育的特点，充分考虑学生的知识基础，为学生提供最迫切、最合理的学习内容。

2）以拓宽专业学生知识面，让学生具备正确选择和应用无损检测技术的初步能力为主要教学目的。

3）通过典型工件的检测案例，让学生获得必备的专业知识和技能，达到培养专业的目标。

4）采用"项目教学、理实融合"模式进行教学，能对同类课程建设起到积极的引导、示范作用。

5）充分体现工学结合、理实一体的高职教育特色。

本书由西安航空职业技术学院航空材料工程学院牵头，检测技术及应用专业团队主持编写，行业专家参与指导，保障了教材项目建设和课程一体化教学活动的开展。本书由西安航空职业技术学院杨凤霞、许磊任主编，西安航空职业技术学院张咏军任副主编，西安航空职业技术学院石鑫参编。具体编写分工如下：杨凤霞编写第6、第7章；许磊编写第1、第3章；张咏军编写第2、第4章；石鑫编写第5章。张咏军负责全书的统稿工作，空军工程大学马康民教授和西安航空职业技术学院航空材料工程学院党杰院长担任主审。此外，在本书的编写过程中，编者参考了许多相关的文献资料，在此表示衷心感谢。

由于编者水平有限，书中错误和疏漏在所难免，敬请读者批评指正。

编　者

目　录

前言

第1章　无损检测技术概述 ……………… 1

1.1　无损检测 …………………………… 1

1.2　无损检测技术的特点 ……………… 3

1.3　无损检测方法的选择 ……………… 5

复习思考题 ……………………………… 6

第2章　涡流检测 ……………………… 7

2.1　涡流检测的基本原理 ……………… 7

2.2　涡流检测方法 ……………………… 11

2.3　涡流检测装置 ……………………… 14

2.4　涡流检测应用实例 ………………… 20

复习思考题 ……………………………… 24

第3章　磁粉检测 ……………………… 26

3.1　磁粉检测的基本原理 ……………… 26

3.2　磁粉检测方法 ……………………… 29

3.3　磁粉检测装置 ……………………… 34

3.4　磁粉检测应用实例 ………………… 39

复习思考题 ……………………………… 42

第4章　渗透检测 ……………………… 43

4.1　渗透检测的基本原理 ……………… 43

4.2　渗透检测方法 ……………………… 49

4.3　渗透检测装置 ……………………… 54

4.4　渗透检测应用实例 ………………… 55

复习思考题 ……………………………… 58

第5章　射线检测 ……………………… 59

5.1　射线检测的基本原理 ……………… 59

5.2　射线检测方法 ……………………… 63

5.3　射线检测装置 ……………………… 72

5.4　射线检测应用实例 ………………… 81

复习思考题 ……………………………… 83

第6章　超声检测 ……………………… 84

6.1　超声检测的基本原理 ……………… 84

6.2　超声检测方法 ……………………… 90

6.3　超声检测装置 ……………………… 95

6.4　超声检测应用实例 ………………… 101

复习思考题 ……………………………… 109

第7章　无损检测新技术 ……………… 110

7.1　无损检测新技术简介 ……………… 110

7.2　无损检测新技术的发展趋势 ……… 113

参考文献 ………………………………… 115

1.1 无损检测

无损检测（Nondestructive Testing，简称 NDT）是基于材料的物理性质，采用非破坏性手段，通过测定变化量，对材料或构件的组织结构、不连续性、缺陷等进行定性、定量和定位的检测技术。

无损检测类似于我们生活中的"隔皮猜瓜"。挑西瓜时，我们用手轻轻拍打西瓜外皮，通过听声响或凭手感，来判断西瓜的生熟。如果对判断有怀疑，就要切开看个究竟。"隔皮猜瓜"对西瓜没有损坏，是非破坏性的，这是生活中的无损检测，而"切开看个究竟"就是生活中的破坏性检测。

我们身边的无损检测还可以举出很多例子，比如机场、海关对人身物品的安全检查；医学领域熟知的 CT、X 射线拍片、B 超等。

无损检测技术应用广泛，涉及航空、航天、冶金、机械、化工、核能等各个领域，适用于产品设计、研制、生产和使用全过程。

1.1.1 无损检测的目的

（1）质量管理 剔除不合格的原材料、坯料及工序不合格品件，改进制造工艺。

（2）质量鉴定 鉴定产品对验收标准的符合性，判定合格与否。

（3）在役检查 监测产品结构和状态的变化，确保产品运行的安全可靠。

（4）无损评价 对安全使用极限寿命或剩余寿命做出评估和判断。

1.1.2 无损检测的应用范畴

1）缺陷定位、定量与定性。

2）材料的力学性能或物理性能的检测。

3）产品性质和状态评估。

4）产品几何度量检测。

5）运行安全监控与安全寿命评估。

1.1.3 常规无损检测方法

工程应用中的常规无损检测方法包括涡流检测（ET）、渗透检测（PT）、磁粉检测（MT）、射线检测（RT）和超声检测（UT）五种，其适用范围如图 1-1 所示。

1. 涡流检测（Eddy Current Testing，简称 ET）

涡流检测是基于电磁感应（Electromagnetic Induction）原理揭示导电材料表面和近表面

缺陷的一种常规无损检测方法。

涡流检测工作原理如图 1-2 所示，当载有交变电流的检测线圈靠近被检导电材料时，由于电磁感应的作用，在导电材料表面和近表面会感应生成涡流，其大小、相位和流动轨迹与被检导电材料的电磁特性和缺陷等有关。涡流产生的附加磁场反过来会作用于探头，导致探头的阻抗发生变化，通过测定探头阻抗的变化，即可获得被检测件的物理性能、结构和冶金状态等相关信息。

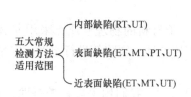

五大常规
检测方法　　内部缺陷(RT、UT)
适用范围　　表面缺陷(ET、MT、PT、UT)
　　　　　　近表面缺陷(ET、MT、UT)

图 1-1　五大常规无损检测方法的适用范围

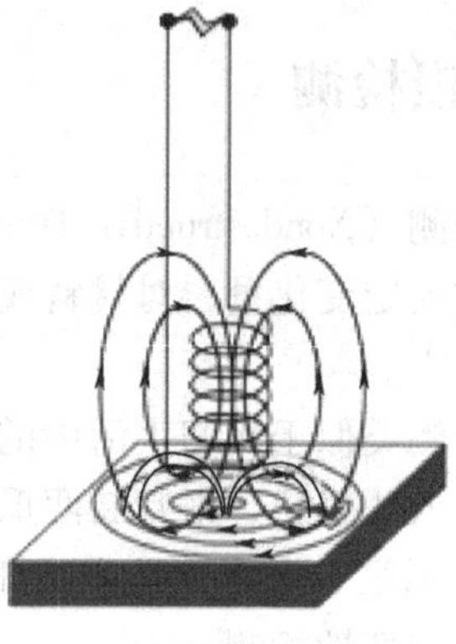

图 1-2　涡流检测工作原理

2. 磁粉检测 （Magnetic Particle Testing，简称 MT）

磁粉检测是基于缺陷处漏磁场与磁粉的磁相互作用而显示铁磁性材料表面和近表面缺陷的一种常规无损检测方法。

磁粉检测工作原理如图 1-3 所示，当铁磁材料磁化时，表面或近表面缺陷处由于磁力线折射而溢出其表面形成漏磁场。漏磁场会吸附施加于工件表面的磁粉形成磁粉显示，磁粉可指示出缺陷的位置、尺寸、形状和程度，通过评价磁粉显示即可评估出工件的质量状况。

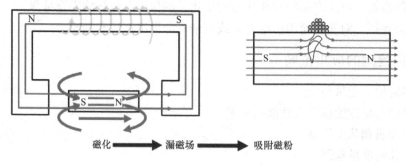

磁化 ➡ 漏磁场 ➡ 吸附磁粉

图 1-3　磁粉检测工作原理

3. 渗透检测 （Penetrant Testing，简称 PT）

渗透检测是基于毛细现象，揭示非多孔性固体材料表面开口缺陷的一种常规无损检测方法。

渗透检测工作原理如图 1-4 所示，将含有染料的渗透剂施加在工件表面上，由于毛细管作用，渗透剂渗入工件表面开口的细小缺陷当中，用去除剂清除工件表面多余的渗透剂后，再施加显像剂，缺陷中的渗透剂在毛细管作用下重新被吸出并在工件表面显示成形，可通过目视检验观察被测件的缺陷。

4. 射线检测（Radiographic Testing，简称 RT）

射线检测是基于被检测件对穿透射线吸收的不同来检测零件内部缺陷的一种常规无损检测方法。

射线检测工作原理如图 1-5 所示，当射线源产生的一定强度的射线透过一定厚度的零件时，由于零件各部分密度差异和厚度变化，或由于成分改变而导致吸收特性的差异，零件的不同部位会吸收不同量的透入射线，

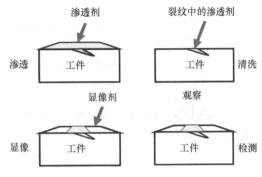

图 1-4　渗透检测工作原理

通过专用底片记录透过试件未被吸收的射线所形成的黑度影像，即可评估被测件缺陷的性质、形状、大小和分布。

5. 超声检测（Ultrasonic Testing，简称 UT）

超声检测是利用超声波在介质中传播时发生衰减，且遇到界面产生反射的性质来检测表面和内部缺陷的一种常规无损检测方法。

以纵波超声检测为例，其工作原理如图 1-6 所示，超声波探头发射的声波在工件中传播，如果工件完整，则有一个始波和一个底波。如工件内部存在缺陷，则在始波和底波之间会出现一个缺陷波，通过观察缺陷波幅度的大小来判断缺陷的当量尺寸，利用缺陷波和始波之间的距离可以得到缺陷的埋深。

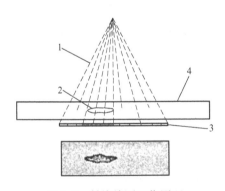

图 1-5　射线检测工作原理

1—射线　2—缺陷　3—底片　4—零件

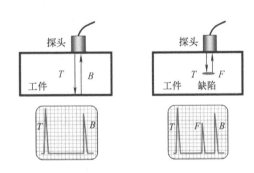

图 1-6　超声检测工作原理

1.2　无损检测技术的特点

1.2.1　常规无损检测方法的特点

常规无损检测方法有各自的特点，其优点和局限性见表 1-1。

表 1-1　常规无损检测方法的特点、优点和局限性

序号	检测方法	优　点	局限性
1	涡流检测	1）适用于检测导电材料，包括钢、钛、镍、铝、铜及其合金 2）可以检出表面和近表面缺陷 3）探测结果以电信号输出，便于数字化分析处理 4）无需耦合零件或耦合介质，容易实现快速、自动化检测	1）形状复杂的试件很难应用，一般只用于检测管材、板材等轧制型材 2）至今仍是当量检测，不能对缺陷定性 3）涡流检测的干扰因素较多，容易引起杂乱信号，导致检测结果失真 4）由于受到"趋肤效应"的限制，对于深层缺陷不敏感 5）只适用于检测导电材料，且检测灵敏度较低
2	磁粉检测	1）适用于检测铁磁性材料 2）可检测出表面和近表面缺陷 3）检测灵敏度较高，可以发现极细小的裂纹缺陷 4）显示缺陷直观，不受工件大小和几何形状的限制，能适应各种场合的现场作业 5）检测成本低，速度快	1）受工件几何形状影响（如键槽），易产生相关显示 2）检测灵敏度受磁化时磁场方向影响较大，如果缺陷与磁化磁场方向平行，缺陷则不容易被检测出 3）覆盖层的存在将导致缺陷漏磁的降低，对磁粉检测灵敏度造成不良影响 4）具有较强剩磁的零件必须进行退磁，否则会对其使用造成不利的影响
3	渗透检测	1）适用于检测非疏孔性材料表面的开口缺陷 2）检测方法不受材料的组织结构和化学成分的限制 3）一次性检测可以覆盖到零件的所有表面，可以检测出任何方向的缺陷	1）受零件表面粗糙度影响较大，检测结果容易受操作者经验、知识水平的影响 2）开口被封闭的缺陷不能被有效地检测出 3）可以检测出缺陷的分布，但难以确定缺陷的实际深度 4）检测工序多，速度慢 5）检测所需材料较贵、成本较高 6）检测灵敏度比磁粉检测低
4	射线检测	1）可以检测零件内部的缺陷 2）检测零件基本不受材料、形状、外轮廓尺寸等因素的限制 3）检测结果直观，可用底片直接记录 4）缺陷定性、定量准确	1）体积型缺陷检出率很高，但面积型缺陷的检出率受到各种因素的影响 2）适宜检测厚度较薄的零件，而不适宜较厚的零件 3）适宜检测对接焊缝，检测角焊缝效果较差，不适宜检测板材、棒材、锻件 4）较难确定缺陷在零件厚度方向的位置和尺寸 5）检测成本高，检测速度慢 6）射线对检测人员有伤害
5	超声检测	1）面积型缺陷的检出率较高，但体积型缺陷的检出率较低 2）适宜检测厚度较大的工件，不适宜检测较薄的工件 3）应用范围广，可用于各种零件 4）检测成本低、速度快，仪器体积小、重量轻，现场使用较方便 5）对缺陷在工件厚度方向上的定位较准确	1）无法得到缺陷的直观图像，定性困难，定量精度不高 2）检测结果无直接见证记录 3）被检测零件的材质、晶粒度对检测有影响 4）工件不规则的外形和一些结构会影响检测 5）探头扫查面的平整度和粗糙度对超声检测有一定影响

1.2.2　常规无损检测方法的应用特点

常规无损检测方法的应用特点及应用举例，见表1-2。

表 1-2　常规无损检测方法的应用特点及应用举例

序号	应用特点	应用举例
1	无损检测要与破坏性检测相配合	评价焊接接头质量除了要进行无损检测外，还要切取试样进行力学性能试验，有时还要做金相和端口检验
2	正确选用实施无损检测的时机	检查高强度钢焊缝有无延迟裂纹，无损检测的时机应安排在焊缝完成24h后进行
3	正确选用最适当的无损检测方法	钢板分层缺陷，不适合射线检测，而应选择超声检测；检查工件表面细小裂纹就不应选择射线检测和超声检测，而应选择磁粉检测或渗透检测
4	综合应用各种无损检测方法	超声检测对裂纹缺陷探测灵敏度较高，但定性不准，而射线检测对缺陷定性比较准确，两者配合使用，就能保证检测结果既可靠又准确

1.3　无损检测方法的选择

1.3.1　制造过程中常用无损检测方法的选择

制造过程中常用无损检测方法进行原材料检测和焊接检测，其选择见表1-3。

表 1-3　制造过程中常用无损检测方法的选择

序号	检测对象		内部缺陷	表面缺陷
1	原材料检测	1）板材	UT	—
		2）锻件和棒材	UT	MT（PT）
		3）管材	UT（RT）	MT（PT）
		4）螺钉	UT	MT（PT）
2	焊接检测	1）坡口部位	UT	PT（MT）
		2）清根部位	—	PT（MT）
		3）对接焊缝	RT（UT）	MT（PT）
		4）角焊缝和T形焊缝	UT（RT）	PT（MT）
		5）工卡具焊疤	—	MT（PT）
		6）爆炸复合层	UT	—
		7）堆焊复合层堆焊前	—	MT（PT）
		8）堆焊复合层堆焊后	UT	PT
		9）水压试验后	—	MT

1.3.2　常规无损检测方法和检测对象的适应性

常规无损检测方法和检测对象是否适应，直接影响到检测结果的正确与否。常规无损检测方法和检测对象的适应性见表1-4。

表1-4　常规无损检测方法和检测对象的适应性

方法分类	检测对象	内部缺陷检测方法		表面近表面缺陷检测方法		
		RT	UT	MT	PT	ET
试件分类	钢件	×	●	●	●	△
	铸件	●	○	●	○	△
	压延件（管、板、型材）	×	●	●	○	●
	焊缝	●	●	●	●	×
缺陷分类	内部缺陷 分层	×	●	—	—	—
	疏松	×	○	—	—	—
	气孔	●	○	—	—	—
	缩孔	●	○	—	—	—
	未焊透	●	●	—	—	—
	未熔合	△	●	—	—	—
	夹渣	●	○	—	—	—
	裂纹	○	○	—	—	—
	表面缺陷 白点	×	○			
	表面裂纹	△	△	●	●	●
	表面针孔	○	×	△	●	△
	折叠	—	—	○	○	○
	断口白点	×	×	●	●	

注：●很适用；○适用；△有附加条件适用；×不适用；—不相关。

复习思考题

1. 什么是无损检测？无损检测的用途是什么？
2. 常规无损检测方法有哪些？各检测方法的物理基础是什么？
3. 简述涡流检测、磁粉检测、渗透检测、射线检测及超声检测的工作原理。
4. 各常规无损检测方法的优点和局限性是什么？
5. 各常规无损检测方法应如何选择？

第2章 涡流检测

涡流检测（Eddy Current Testing，简称ET）应用范围广泛，涉及航空、航天、冶金、机械、电力、化工、核能等各个领域。普遍用于在役检测，属于定检预防性质的检测。

涡流检测适用于导电材料，建立基础是电磁感应原理。由于受到"趋肤效应"的限制，其对于深层内部缺陷不敏感，无法感知、发现并检出，所以检测范围仅局限于表面和近表面（有效深度）的缺陷。

2.1 涡流检测的基本原理

涡流检测的基本原理，如图2-1所示。检测线圈通入交变电流，线圈建立交变磁场；探头靠近被检测件，由线圈交变磁场通过被检测件与之发生电磁感应作用，在导电材料中建立涡流；被检测件中的涡流会产生自己的磁场（附加磁场），如果被检测件表面存在缺陷（如裂纹），会造成涡流流通路径的畸变，最终影响到涡流磁场。涡流磁场反过来作用于探头，便会使原磁场的强弱发生改变，进而导致探头阻抗的变化，通过测定探头阻抗的变化，就可以评价出被检测试件的性能及有无缺陷等。

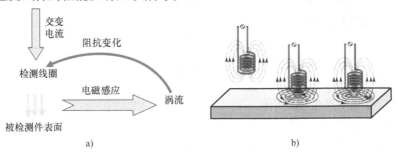

图 2-1　涡流检测的基本原理

造成涡流流通路径畸变的原因如下：

1）由于导电材料不均匀会导致磁导率、电导率的不同，使涡流流通路径发生改变，导致涡流的大小、相位发生改变。

2）如果被检测件存在缺陷（如表面裂纹），则会阻碍涡流流过，因涡流只能存在于导体材料中，故会导致涡流流通路径的畸变，最终影响涡流磁场，使得涡流强度降低。

探头放置在被检材料表面上，一旦缺陷干扰了涡流的流动路径并使涡流的强度减弱，就能被检测出来，如图2-2所示。图2-2中，涡流的强度用亮色表示，图2-2b中线圈下方有缺陷，故减弱了该区域的涡流强度。

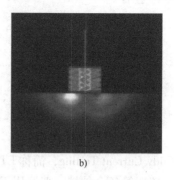

图 2-2　涡流的强度随着离线圈距离的增大而减小

2.1.1　电磁感应现象

电磁感应现象是指电与磁之间相互感应的现象，包括电感生磁和磁感生电两种情况。

1) 电感生磁最著名的是奥斯特实验，如图 2-3 所示。当电流通过导体时，其附近平行放置的磁针发生偏转，说明在通电导体附近会产生磁场，即电感生磁现象。

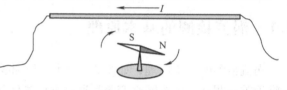

图 2-3　奥斯特实验

2) 电流可以产生磁场，反过来磁场也可以感应产生电流。

实验 1：磁铁穿过线圈，如图 2-4a 所示。当穿过闭合导体回路所包围面积内的磁通量发生变化时，回路中产生感应电流。

实验 2：导线切割磁力线，如图 2-4b 所示。当闭合回路中的一段导线切割磁力线运动时，导线中产生感应电流。

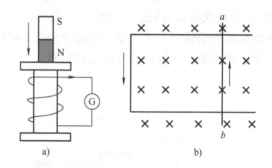

图 2-4　磁感生电现象
a) 磁铁穿过线圈　b) 导线切割磁力线

根据涡流检测的基本原理，涡流检测的过程为：激励线圈产生交变磁场→被检测导电材料中感应产生涡流→涡流磁场改变原磁场→线圈电压阻抗发生变化→判断被检测导电材料的特性。涡流检测过程可分为电生磁、磁生电、电生磁三个过程：①探头通入交变电流，线圈建立交变磁场（电生磁）；②探头靠近被检导电材料，由线圈交变磁场通过导电材料与之发生电磁感应作用，在导电材料内产生涡流（磁生电）；③导电材料中的涡流会产生自己的磁场（电生磁）。

2.1.2　涡流及其趋肤效应

1. 涡流

如图 2-5 所示，导电材料处于交变磁场中，由于电磁感应作用，导电材料内部会形成闭合的电流，即涡流；相对于磁场运动同样会形成涡流。

涡流的特点：导体内部自成闭合回路，呈漩涡状流动。

2. 趋肤效应与涡流渗透深度

如图 2-6 所示,当直流电流通过导线时,电流在导电材料横截面恒定均匀分布,电子在导电材料中以平均分布方式传导流通;当通以交变电流时,导电材料产生的涡流使交变电流在导电材料横截面中不再均匀分布,电子集中在导电材料的近外肤位置流通,导致横切面核心部位呈空泛状态,通过导电材料电流的有效截面积减小,进而使电流输送量减少,导致导电材料的电阻增大。

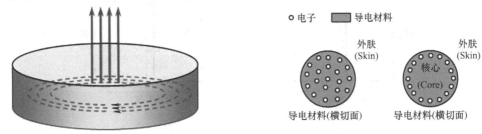

图 2-5　涡流　　　　　　　　　　　　　　图 2-6　趋肤效应

（1）趋肤效应（Skin Effect）　趋肤效应是指交变电流集中于被检测件表面的效应。

趋肤效应的存在使感应涡流的密度从被检导电材料或工件的表面到其内部按指数分布规律递减, 表面涡流密度大, 对应检测灵敏度高, 越远离表面涡流密度越小, 如图 2-7 所示。

（2）标准渗透深度 δ　δ 表征涡流在导体中的趋肤程度,单位为 m。

涡流透入导体的距离称为渗透深度, 涡流密度衰减到其表面值的 37% 时所对应的渗透深度称为标准渗透深度, 如图 2-8 所示, 即

$$\delta = \frac{1}{\sqrt{\pi f \mu \sigma}} \tag{2-1}$$

式中　f——激励频率,单位为 Hz;

$\quad\quad\ \mu$——材料的磁导率,单位为 H/m;

$\quad\quad\ \sigma$——材料的电导率,单位为 S/m。

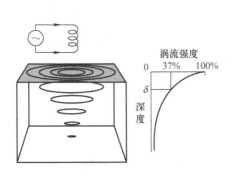

图 2-7　透入平板导电材料的涡流

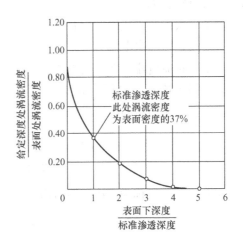

图 2-8　涡流密度与渗透深度的关系

　　由式(2-1) 可知，频率越高，导电性能越好，导磁性能越好的材料，趋肤效应越显著。标准渗透深度与频率的关系如图2-9 所示。

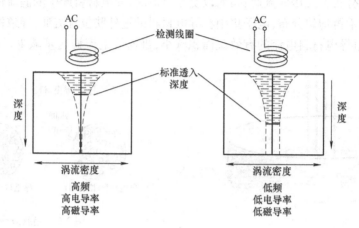

图2-9　标准渗透深度与频率的关系

2.1.3　探头的阻抗分析

　　已知产生的涡流会形成附加磁场，它反过来会使探头阻抗发生变化，涡流检测正是通过测定探头阻抗的变化来判断被测件性能和有无缺陷的。为了解涡流会造成探头阻抗变化的原因，我们需要对探头进行阻抗分析。

　　涡流检测过程中，探头与被检测对象间的电磁关系可以用两个线圈的耦合来类比。探头由直径非常细的铜线绕制而成，通入交变电流产生交变磁场，在交变磁场作用下，与其接近的导体中激励产生涡流，我们可以将其看作一次线圈，用电阻和电感的串联电路来表示，由于一次侧激励线圈通入交变电流，所以一次回路作用有电源；由于导体中的感应涡流宛若多层密迭在一起的线圈，所以我们将被测导体看作为与一次线圈交链的二次线圈，同样用电阻和电感的串联电路来表示，形成互感耦合等效电路，如图2-10 所示。

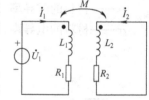

图 2-10　线圈耦合
的等效电路

　　由于一次侧激励线圈作用有电源，所以相当于一次线圈通入了交变电流，即一次电流 $\dot{I}_1$；由于电磁感应作用，二次线圈回路中也产生了感应电流，即二次电流 $\dot{I}_2$。

　　根据图2-10 所示电压、电流的参考方向以及标注的同名端，可列出一、二次回路的电压方程

$$\begin{cases} \dot{U}_1 = (R_1 + j\omega L_1)\dot{I}_1 + j\omega M\dot{I}_2 \\ (R_2 + j\omega L_2)\dot{I}_2 + j\omega M\dot{I}_1 = 0 \end{cases} \tag{2-2}$$

令 $Z_1 = R_1 + j\omega L_1$，称为一次回路自阻抗；$Z_2 = R_2 + j\omega L_2$，称为二次回路自阻抗。则有

$$\dot{U}_1 = Z_1\dot{I}_1 + j\omega M\dot{I}_2 \tag{2-3}$$

$$Z_2\dot{I}_2 + j\omega M\dot{I}_1 = 0 \tag{2-4}$$

由式(2-4) 可得

$$\dot{I}_2 = \frac{-j\omega M \dot{I}_1}{Z_2} \tag{2-5}$$

将式(2-5) 代入式(2-3) 中得

$$\dot{I}_1 = \frac{\dot{U}_1}{Z_1 + \dfrac{(\omega M)^2}{Z_2}} = \frac{\dot{U}_1}{Z_1 + Z_e} \tag{2-6}$$

由式(2-4)、式(2-5) 可知,一、二次侧线圈本无直接电的联系,但由于电磁感应作用使闭合的二次线圈回路产生了感应的二次电流,即涡流。这个电流由于电磁感应作用反过来影响一次回路,影响的结果相当于在一次回路作用了一个折合阻抗 Z_e,其等效电路如图 2-11 所示。因此,由于彼此的相互耦合影响,造成了探头阻抗的变化。

根据涡流检测原理,探测线圈即为一次线圈,被测试件即为二次线圈,彼此相互耦合影响,产生折合阻抗,造成探头阻抗的变化。

探头探测到的是二次线圈的折合阻抗与一次线圈自身阻抗相加得到的视在阻抗,视在阻抗包含初级自身物理特征和次级折合

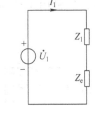

图 2-11 一次线圈
的等效电路

值,而视在阻抗当中的反射阻抗则包含了被测件的各种信息,通过检测探头视在阻抗的变化来判断被检对象阻抗是否发生改变,进而判断其性能及有无缺陷存在。

2.2 涡流检测方法

对于涡流检测而言,缺陷引起的涡流响应变化越显著,探头拾取的感应信号就越强,检测灵敏度就越好。

2.2.1 涡流响应的主要影响因素

涡流响应的主要影响因素包括:检测频率、电导率、磁导率、边缘效应和提离效应。

1. 检测频率的影响

由涡流标准渗透深度公式 $\delta = \dfrac{1}{\sqrt{\pi f \mu_0 \mu_r \sigma}}$ 可知,频率越低,涡流渗透深度越大,但发现缺陷的灵敏度也越低,并且在自动无损检测时检测速度也可能需要降低。

检测表面裂纹时,可选择较高频率;检测较粗糙表面或不同类型的表面裂纹缺陷时,不宜采用过高检测频率。因为较粗糙表面,其阻抗响应比较敏感,如果采用过高检测频率,易产生干扰信号;而对于表面不同裂纹缺陷,由于裂纹深度有深有浅,如果采用过高的检测频率,可能无法兼顾到较深的缺陷。

2. 电导率、磁导率的影响

电导率、磁导率主要影响涡流渗透深度和涡流分布密度。由涡流标准渗透深度公式 $\delta =$

$\dfrac{1}{\sqrt{\pi f \mu_0 \mu_r \sigma}}$ 可知，电导率和磁导率值越大，涡流渗透深度越小，由于渗透深度受到限制，所以无法兼顾到较深的缺陷。

对无损检测的影响：铁磁性材料的磁导率较大，通过采用较低检测频率来削弱磁导率，以达到适当的渗透深度。

由被检测表面的涡流分布密度公式 $J_0 = \sqrt{\pi f \mu_r \mu_0 \sigma}\, H_0$ 可知，在相同的磁化条件下（即 H_0 相同），检测频率、电导率和磁导率越高，在被检测材料表面激励产生的涡流密度就越大，探头拾取的感应信号也越强，检测灵敏度就很高。

3. 边缘效应的影响

如图 2-12 所示，当探头接近零件边缘或其上面的孔或台阶时，涡流的流动路径就会发生畸变，这种由于被检测部位形状突变引起的涡流变化称为边缘效应。

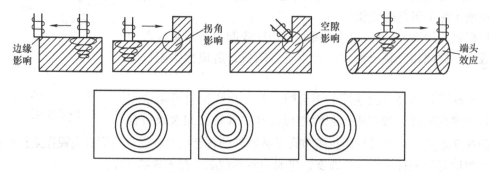

图 2-12　涡流的边缘效应示意图

对无损检测的影响：通常零件边缘产生的信号远远超过所期望检测缺陷的涡流响应，如果不能消除边缘效应的影响，就无法检测出靠近或存在于试件边缘的缺陷。

边缘效应作用范围的大小与被检测材料的导电性、导磁性、探头的尺寸、结构等有关。

探头分为非屏蔽探头和屏蔽探头两种。非屏蔽探头如图 2-13 所示，具有非金属外壳，通常认为其磁场的作用范围是涡流探头直径的 2 倍。屏蔽探头如图 2-14 所示，由于带有金属外壳，探头的磁场集中在紧靠线圈的区域内，磁场作用范围小，当检测台阶边缘或零件边缘时，可以减小边缘效应。

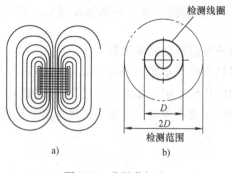

图 2-13　非屏蔽探头

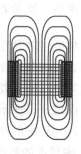

图 2-14　屏蔽探头

4. 提离效应的影响

由于探头与被检测件表面之间的距离发生变化而引起探头阻抗改变的现象称为提离效应。由于线圈与零件之间距离的变化使得线圈磁场进入导体的磁通量发生了改变，比如100 根磁力线通入产生的磁场大于 90 根磁力线通入产生的磁场，从而影响到线圈的阻抗。探头的颤动相当于提离效应。

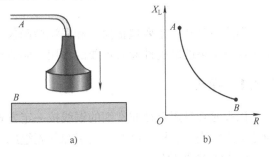

对无损检测的影响：提离效应的作用规律一致，如图 2-15 所示，即该因素变化引起探头阻抗的矢量变化具有固定的方向，且该方向与缺陷信号矢量方向具有明显差异，因

图 2-15 提离效应的矢量变化方向

此采用适当的信号处理方法就可以比较容易地抑制或消除这类干扰因素的影响。在阻抗平面图上，通常将提离信号作为相位参考信号。

2.2.2 涡流检测信号的相位角定义

在检测管材时，可能会出现表面小缺陷和内部大缺陷的阻抗变化相同或者相近的情况，这时就无法有效区分缺陷了，我们可以通过相位角来进行判定。

涡流检测信号的相位角定义（图 2-16）：

1）取响应信号阻抗为最大值的两个点，如图 2-16a 中两个小圆点确定的位置。

2）用直线连接这两个点。

3）该直线与水平方向的反方向所成的夹角，即为相位角，如圆弧线所标注的角度。

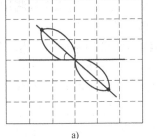
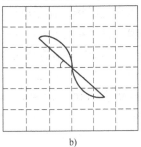

图 2-16 涡流检测信号的相位角

实际涡流检测中，缺陷响应信号的阻抗图为半"8"字形状，其相位角更容易识别和判定。

根据表面裂纹检测演示图（图2-17）可知，涡流响应信号的相位角与缺陷深度存在良好的对应关系，距离检测线圈较近的缺陷，其响应信号的相位角较小，缺陷深度较浅。因此，通过测量响应信号的相位角就可以评价缺陷的深度。比如当我

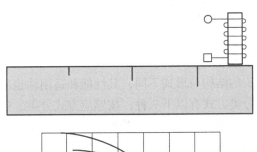

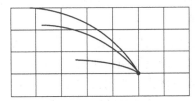

图 2-17 表面裂纹检测演示图

们采用外穿式探头进行检测时，因为夹杂处于工件内部，距离探头较远，所以表面裂纹缺陷相位会超前于夹杂缺陷。

2.3　涡流检测装置

涡流检测装置主要包括探头和涡流检测仪。探头是构成涡流检测系统的重要组成部分，对于检测结果的准确性起着重要的作用；涡流检测仪是涡流检测装置最核心的组成部分。

2.3.1　探头

探头通常是用直径非常细的铜线按一定方式缠绕而成的电磁线圈，相当于传感器，其结构是由激励绕组、检测绕组、支架和外壳组成，有些还有磁芯、磁饱和装置等。

1. 探头主要功能

（1）激励形成涡流的功能　探头通以交流电建立交变磁场，靠近被检零件，使导电体激励产生涡流。

（2）拾取所需信号的功能　通过涡流所建立的交变磁场，检测获取被检零件质量情况的信号，并把信号送给仪器进行分析评价。

2. 涡流探头的特点

1）同时具备激励和拾取信号两项功能。激励线圈用于通入交变电流在受检工件内激励产生交变磁场，在导电体中形成涡流；检测线圈检测用于计量涡流磁场的变化，感应、接收反映工件各种特征的导电体涡流再生磁场信号。

2）可以根据检测对象和检测要求的不同进行相应设计和制作。图 2-18 所示为用于发动机涡轮盘叶片榫槽表面缺陷检测的异形探头，其外形与涡轮盘榫槽吻合。由于常规点式探头检测效率低，容易漏检，所以采用异形探头检测榫槽侧壁。探头从榫槽的一侧扫查到另一侧，一次就完成了对榫槽区域的有效检测，显示出检测效率高和准确度高的优点。

3）受温度影响较小，适用于高温条件下的检测。

图 2-18　异形探头

3. 探头的分类

探头的结构与形式不同，其性能和适用性也随之产生很大差异。涡流分类有多种方式，常用的分类方式有以下三种：按感应方式分类、按应用方式分类和按比较方式分类。

（1）按感应方式分类　按照感应方式不同，探头可分为发射接收一体式探头和发射接收分离式探头。

1）发射接收一体式探头，如图 2-19 所示。由孤立的单个线圈构成，其自身感应，既是激励线圈，又是测量线圈，线圈输出信号是线圈阻抗的变化。

发射接收一体式探头制造方便，单个线圈只需沿同一方式绕于磁芯上；对多种影响被检对象电磁性能因素的综合效应响应灵敏；但由于激励线圈和测量线圈二者合为一体，故对某一影响因素的单独作用效应难以区分，不易区分阻抗变化是探头自身引起的，还是折合阻抗变化引起的。

2）发射接收分离式探头，如图 2-20 所示。由两个（或两组）相互感应的线圈构成，其中一个作为激励线圈（又称一次线圈），另一个是测量线圈（又称二次线圈），其分工不同。

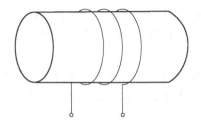

图 2-19   发射接收一体式探头

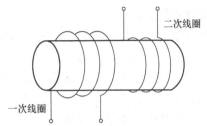

图 2-20   发射接收分离式探头

发射接收分离式探头的激励线圈与测量线圈分离，彼此分工合作。激励线圈可以设计成能产生强磁场的线圈，比如通过附加磁芯结构来增强磁场强度；而测量线圈可以设计得非常小，可以实现聚焦磁场，因而检测灵敏度较高，对极小的缺陷很敏感；对不同影响因素响应信号的提取和处理比较方便；激励线圈与测量线圈之间有静电屏蔽作用，因此静电感应的噪声较小，工作期间性能较稳定。

（2）按应用方式分类   按照应用方式不同，探头可分为外穿式探头、内穿式探头和放置式探头。

1）外穿式探头，是将被检零件插入并通过线圈内部进行检测，如图 2-21 所示。由于外穿式探头产生的磁场首先是作用在试样的外壁，因此对于外表面缺陷响应灵敏，而内壁缺陷的检测是利用磁场渗透来进行的。所以，外穿式探头主要用来检测外表面。

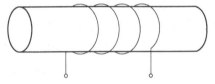

图 2-21   外穿式探头

外穿式探头广泛用于小直径管、棒、线材的表面质量检测；容易实现批量检测、高速检测和自动化在线涡流检测。应用过程中其轴线平行于被检零件表面。

2）内穿式探头，是将其插入并通过被检管材（或管道）内部进行检测的探头，如图 2-22 所示。

内穿式探头广泛用于管材或管道内壁（内表面）、具有一定厚度的板材上的孔壁质量的在役零件涡流检测，典型应用是热交换器管道的涡流检测。应用过程中其轴线平行于被检零件表面。

3）放置式探头，是将线圈放置于被检零件表面进行检测的探头，如图 2-23 所示。

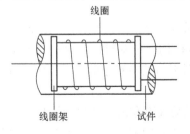

图 2-22   内穿式探头

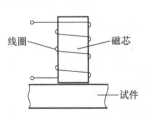

图 2-23   放置式探头

　　放置式探头不仅可用于形状简单的板材、带材、管材、棒材及大直径管材表面扫描检测，也可应用于形状较复杂的机械零件的无损检测。

　　放置式探头设计、制作体积都非常小，由于附加磁芯结构，磁场作用范围小，具有较高的检测灵敏度，可以实现对缺陷的准确定位，但检测效率较低。应用过程中其轴线垂直于被检零件表面，并以局部覆盖方式扫查。

　　放置式探头检测效果的准确性很大程度上取决于探头的外形与被检测零件形面的吻合情况。例如平探头，由于在实施扫查时，人会不自觉地用力压，而造成覆盖层受压变形。为缓解压力，在外壳内安装有弹簧。

　　外穿式探头、内穿式探头和放置式探头的特点比较见表2-1。

表2-1　外穿式探头、内穿式探头和放置式探头的特点比较

探　　头	检测对象	应用范围
外穿式探头	管、棒、线	在线检测
内穿式探头	管内壁、钻孔	在役检测
放置式探头	板、坯、棒、管、机械零件	材质和加工工艺检查

　　涡流流动方向与缺陷方向响应敏感度的关系，如图2-24所示。垂直于涡流流向的裂纹阻挡了涡流的流动，使工件反射磁场随之发生变化，进而导致探头阻抗的改变而被探测出；如果裂纹走向与涡流方向平行，由于对涡流的流动改变较小，不足以引起涡流响应的明显变化，因此难以检测出。

　　外穿式、内穿式的电磁场作用范围为环状区域，其检测效率较高。外穿式、内穿式表层感应产生的涡流沿管、棒材周向方向流动，涡流形状与线圈缠绕相似，对于缺陷方向的响应较为敏感。对于轴向缺陷而言，流动电流垂直于开裂面，较易检测出；而对于周向缺陷灵敏度低。

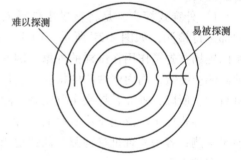

图2-24　涡流流动方向与缺陷方向响应敏感度的关系

　　放置式探头在试件表面被检部位感应产生的涡流呈对称圆形，对于缺陷方向的响应敏感度低，即受裂纹方向的影响小，拉动探头即可探测到各方向裂纹。

　　（3）按比较方式分类　按照比较方式不同，探头可分为绝对式探头、差动式探头和他比式探头。

　　1）绝对式探头，如图2-25所示，是一种由一个同时起激励和测量作用的线圈（相当于发射接收一体式探头）或一个激励线圈和一个测量线圈（相当于发射接收分离式探头）构成，针对被检测对象某一位置的电磁特性直接进行检测，而不与被检对象的其他部位或标准试样某一部位的电磁特性进行比较检测。

　　2）差动式探头，如图2-26所示，是一种由一个激励线圈和两个测量线圈构成，两个测量线圈相邻放置，其匝数相同、缠绕方向相反，感应电压方向相反，信号来自于两个探头的响应差异（电压差）。

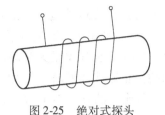

图 2-25 绝对式探头

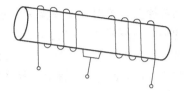

图 2-26 差动式探头

差动式探头（Differential Probe）针对被检测对象两处相邻位置，通过其自身电磁特性差异的比较进行检测。当所检部位电磁特性相同时，则线圈两端感应电压大小相等，输出电压为零；当所检部位电磁特性出现差异，则线圈两端感应电压大小不等，输出电压不为零。

差动式探头扫查缺陷不同位置时涡流响应的变化如图 2-27 所示。如图 2-27a 所示，来自于检测部位的信号相同，其输出信号差为零，则出现无损状态的信号点；如图 2-27b 所示，随着探头向右侧的推进，开始进入线圈 1 的响应区域，两者形成的电压差增加，则阻抗信号幅值增大；如图 2-27c 所示，缺陷处于线圈 1 正下方，电压差达到最大值，阻抗信号幅值达到最大值；如图 2-27d 所示，线圈 1 逐渐离开检测部位，线圈 2 开始进入相应部位，二者形成的电压差减小，则阻抗信号幅值降低；如图 2-27e 所示，线圈 1、2 距离缺陷位置相等时，缺陷处于两个线圈正中间，重新回到无损状态点；如图 2-27f 所示，线圈 2 重复以上过程，但其经过同一缺陷所形成的涡流信号与线圈 1 方向相反。

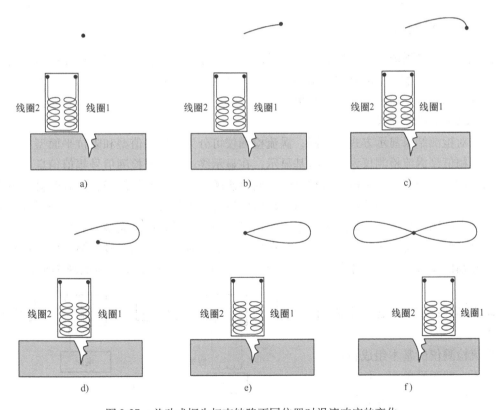

图 2-27 差动式探头扫查缺陷不同位置时涡流响应的变化

差动式探头、绝对式探头检测演示如图 2-28 所示。绝对式探头对被检对象的材料性能或形状的突变或缓慢变化均能够产生响应；差动式探头对于磁性堆积物、凹坑等平缓变化不敏感，难以产生响应信号，即长而平缓的缺陷可能漏检。同时，绝对式探头对颤动（相当于提离效应）比差动式探头敏感，易产生干扰信号，导致检测稳定性和准确性大大降低。

3）他比式探头，如图 2-29 所示，两个参数相同、反向连接的独立线圈绕在两个骨架上，通过与参比对象电磁特性差异的比较进行检测。

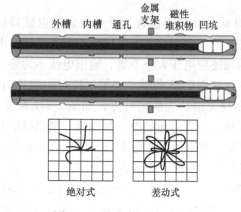

图 2-28　差动式探头、绝对式探头检测演示图

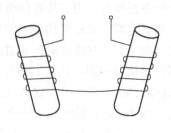

图 2-29　他比式探头

2.3.2　涡流检测仪

涡流检测仪是涡流检测的核心部分，是应用涡流原理对设备、材料进行无损检测的电子设备。其作用：产生交变电流供给探头，对检测到的电压信号进行放大，抑制或消除干扰信号，提取有用信号，最终显示检测结果。

1. 涡流检测仪的分类

按照对检测结果显示方式的不同，涡流检测仪可分为阻抗幅值型和阻抗平面型。

阻抗幅值型涡流检测仪为一维时基显示，在显示终端仅给出检测信号幅值信息。

当我们采用内穿式探头检测管材时，要同时兼顾内、外表面的缺陷，但有时会出现内部缺陷和外部缺陷幅值相同的情况，仅通过幅值信号无法进行有效区分。因此，为了有效检测和区分各类缺陷，获得关于缺陷更为丰富的信息，便引入了阻抗平面型涡流检测仪。

阻抗平面型涡流检测仪为二维显示，在显示终端同时给出检测信号的幅值信息和相位信息。信号幅值反映出缺陷大小信息；信号相位反映出缺陷位置信息，表征缺陷损伤的严重程度。

2. 涡流检测仪的组成及工作原理

涡流检测仪的基本组成包括四个单元，即激励单元、信号检出及放大单元、处理单元、显示单元，如图 2-30 所示。

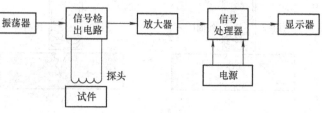

图 2-30　涡流检测仪基本组成示意图

激励单元——产生交变电流供给探头。

信号检出及放大单元——将探头检测拾取到的电压信号检出、放大并传送给处理单元。

处理单元——抑制或消除干扰信号，提取有用信号。

显示单元——显示检测结果。

涡流检测仪的基本工作原理：振荡器产生一定频率的交变激励电流，供给置于导电试件上的探头；在激励电流作用下，探头周围形成交变磁场，并在导体表面激励产生涡流；探头在移动过程中，若所处位置下面存在缺陷，则涡流大小将发生改变，并通过涡流的反作用磁场作用于探头，使线圈阻抗发生变化；由于探头的阻抗变化很小，比如探头经过缺陷时阻抗变化可能 <1%，如果直接检测则很难检测到如此小的绝对阻抗或电压的变化，因此常采用信号检出电路和放大器等来提取和放大线圈阻抗的变化；经放大的信号再经过信号处理电路后，干扰信号被去除，缺陷信号被获取并在显示终端显示出来。

2.3.3 涡流检测对比试样

涡流检测是一种相对的检测方法，其对于被检对象质与量的评价和检测是通过与已知样品质与量的比较而得出的。所以在实施涡流检测时需要比较样品，我们要针对被检件的情况选择相应的标准样件套组。如图 2-31 所示，用于管材检测的试样；用于铆接板材检测的试样；用于平板试件检测的试样；用于螺栓孔零件检测的试样；用于飞机不同材质零件检测的组合试块等。

图 2-31　试块

1. 对比试样的作用

1）建立评价被检测产品质量符合性的标准，即以对比试样上人工缺陷作为判定产品质量的依据，即设置 1 个门槛。比如验收标准规定被检板材不允许存在 ≥0.2mm 深的缺陷，如果被检板材经涡流检测发现缺陷相当于对比试样上深 0.5mm 的当量尺寸时，则被检板材不合格。

2）对涡流检测系统进行调试，调整设定检测参数。

3）监测检测系统长时间工作的稳定性。检测系统长时间工作时，由于受到外界干扰的影响，检测结果将出现不一致，比如 0.2mm 深的人工缺陷，3h 以后可能就无法显示了，此时其稳定性将受到影响。所以，要通过对比试样对检测系统进行重新测试。

2. 对比试样的制作

1）对比试样的材料特性与被检测对象必须相同或相近。理论上一定是相同，实际的时候是相近。

2）对比试样不允许带有自然缺陷，其上人工缺陷的形式和大小尺寸应根据被检测对象在制造或使用过程中最可能产生的自然缺陷的种类、方向、位置和对产品可靠使用的影响等因素确定。

通孔型人工缺陷——能较好地代表穿透性孔洞，虽然穿透性孔洞在管材制造过程中是较少出现的，但由于通孔伤最易于加工，因此被广泛采用。

管材通常出现的是划伤、裂纹，折叠、分层（管棒材拉拔产生），未焊透、焊接错位（有缝管因焊接形成）等缺陷。

平底不通孔缺陷——对于管壁腐蚀具有较好的显示性，因此在役管材的涡流检测中较多采用。

槽型人工缺陷——能更好地代表管、棒材制造过程产生的折叠及使用过程中出现的开裂等条状缺陷和各种机械零件使用过程中产生的疲劳裂纹，包括纵向和周向两种人工槽缺陷。

对比试样上孔型缺陷的制作一般采用机械加工方法，即用钻头钻制。槽型缺陷的制作一般采用电化学加工方法，最常用的两种加工方法是线切割和电火花。线切割适于贯穿整个加工面槽型缺陷的加工；电火花适于较短的槽型缺陷的加工。

2.4 涡流检测应用实例

2.4.1 标定

在检测之前，我们首先要使用标准样件进行标定，调整选择合理参数。涡流检测最关键的调整参数是频率、相位和增益。

1. 检测频率的设定

确定涡流检测频率最实用、最常用的方法是利用对比试样上人工缺陷的响应情况进行确定，即改变试验频率，观察是否受到人工缺陷的响应，根据响应信号的大小、图形清晰度来确定合适的检测频率。

2. 相位的设定

对板材而言，通过相位设定将提离信号调至水平轴线位置；对管材而言，通过相位设定将图像调至二、四象限，相位角45°处。

3. 增益的设定

通过增益设定将试样上的所有缺陷都显示出一定幅度、清晰辨别，最深缺陷幅度不超过屏幕的有限范围。

4. 高、低通的设定

高、低通设置是要起到滤波的作用。

（1）滤波的作用 涡流检测信号是各种影响因素的综合信息，图2-32所示的信号包括缓慢变化低频信号、高频干扰信号和缺陷信号。其中，缓慢变化的低频信号首先被高通滤波器滤除，然后低通滤波器将高频电信号滤除，最后只留下清晰的缺陷信号。

（2）滤波器的设置 如图2-33a所示，低通滤波器设置为20Hz，而高通滤波器设置为40Hz。这样，低通滤波器只允许频率低于20Hz的信号通过（左侧部分），而高通滤波器只允许频率高于40Hz的信号通过（右侧部分），可见，按这样的设置，没有可通过的信号。为了能接收到信号，高、低通滤波

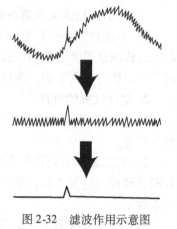

图2-32 滤波作用示意图

器必须有重叠的部分，如图 2-33b 所示，低通滤波器设置为 60Hz，而高通滤波器设置为 10Hz。这样，重叠区域的信号（中间部分）将通过，频率为 30Hz 的信号全幅度通过，而频率为 15Hz 的信号的幅度将衰减约 50%。

注意：高通设置值必须要小于低通的设置值。

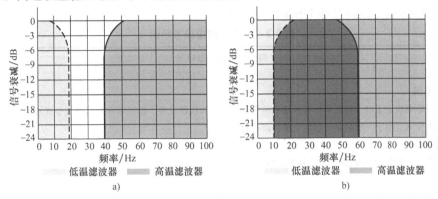

图 2-33 滤波器的设置

（3）滤波器的使用 低通滤波器的主要作用是去除高频干扰噪声。否则噪声信号叠加在缺陷信号上，使缺陷信号显示为锯齿线，如图 2-34a 所示。

降低低通滤波器的频率将去除高频干扰噪声，使缺陷信号清晰，如图 2-34b 所示。

低通滤波器设置的频率越低，扫查速度就必须越慢。如图 2-34c 所示，如果扫查速度太快，相当于送入高频信号，则相对于低通滤波器的设置将使信号被略去一部分。

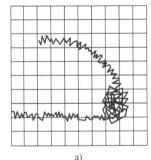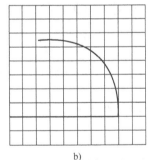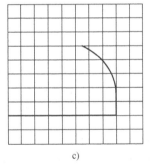

图 2-34 低通滤波器的作用示意图

高通滤波器用来滤除缓慢变化产生的低频信号，比如材料电导率的漂移、孔的圆柱度误差等变化。

5. 探头驱动参数的设定

探头驱动是仪器加载在探头上的电压级数。大的探头驱动会相对增强探头的灵敏度，但并不是越大越好，因为在某些情况下，探头驱动过大，仪器将处于饱和状态，探头在缺陷位置和完好位置没有信号差别，导致不能进行正常的检测。

探头驱动的参数调整原则是：在保证缺陷信号正常显示的情况下，尽量提高探头的驱动级数，这样有利于提高检测的灵敏度。

6. 报警区域的选择

报警区域的选择原则是：让允许的最小缺陷标准信号能报警为最佳。

2.4.2　典型工件的涡流检测

典型工件的涡流检测指导书示例见表2-2。

表2-2　涡流检测指导书示例

涡流检测作业指导书

一、前言

1. 适用范围

本作业指导书规定了对飞机机翼铆接区域涡流检测的要求和仪器设备、检验程序和后处理等详细要求。

本作业指导书适用于飞机机翼铆接区域的涡流检测。

2. 参考文件

GJB 9712A—2008　无损检测人员资格鉴定与认证

二、人员

对飞机机翼铆接区域进行涡流检测的人员应符合 GJB 9712A—2008 的要求，且至少要求具有Ⅱ级资格。

三、涡流检测系统

1. 涡流检测仪

本作业指导书要求对飞机机翼铆接区域的涡流检测使用 MIZ-21B 涡流检测仪。

2. 探头

本作业指导书要求对飞机机翼铆接区域的涡流检测使用 KD2-1 绝对笔式探头。

3. 对比试样

本作业指导书要求对飞机机翼铆接区域的涡流检测使用下图所示对比试样。

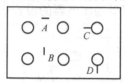

1）对比试样使用牌号 2024、状态 T3、厚度 1mm 的铝合金板材与牌号 7075、状态 T6、厚度 10mm 的铝合金型材铆接而成，铆接使用钛合金（材料为 TA1）平头铆钉。

2）对比试样尺寸：200mm×100mm，铆接孔间距 40mm。

3）人工缺陷尺寸

缺陷 A：5mm（长）×0.13mm（宽）×0.2mm（深）。

缺陷 B：5mm（长）×0.13mm（宽）×0.2mm（深）。

缺陷 C：4mm（长）×0.13mm（宽）×0.3mm（深）。

缺陷 D：4mm（长）×0.13mm（宽）×0.3mm（深）。

四、工件参数与检测要求

1. 工件参数

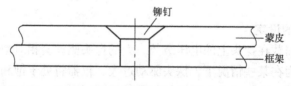

蒙皮材料：牌号 2024、状态 T3、厚度 1mm 的铝合金板材。

支撑框架：牌号 7075、状态 T6、厚度 10mm、支撑面宽度 200mm 的铝合金型材。

连接形式：钛合金（TA1）平头铆钉（φ6mm）连接，铆钉中心间距 40mm。

（续）

蒙皮表面漆层厚度 0.1 ~ 0.2mm，漆层厚度的变化不超过 75μm。

2. 检测要求

要求在 200mm 铆接区域内的蒙皮中不能存在深度超过 0.3mm、长度超过 3mm 的裂纹，铆钉接头边缘 15mm 内不能存在深度超过 0.3mm、长度超过 4mm 的裂纹，检测区域内深度超过验收标准的裂纹缺陷必须记录。

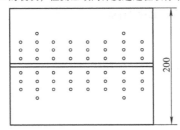

五、检测程序

1. 检测准备

清理零件被检测区域的表面，并准备好需使用的涡流检测仪、探头和对比试块。

2. 检测系统调节

1）连接涡流检测仪和探头，开机等待仪器自检结束。

2）调整提离线为水平方向，并进行主要参数的设置。

3）使用对比试样上的缺陷 A、B 和 C、D 设定检测灵敏度。

3. 检测

1）蒙皮区检测路径如下图所示：

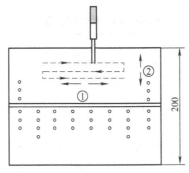

按照图中所示检测路径分别按照①和②两个方向对蒙皮区进行扫查。

2）铆钉孔区域检测路径如下图所示：

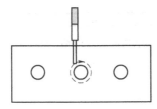

按照图中所示检测路径对铆钉孔边缘进行扫查。

3）在工件上的检测速度应和在对比试样上的检测速度相同。

4）每间隔 2h 以及检验结束后重新检查灵敏度。

4. 结果评定

1）当发现异常信号时，应在机翼表面标识。

2）与对比试样相比较，确定缺陷的深度、长度和位置。

（续）

5. 报告编制

检验结束后编制检测报告，报告检测结果。如有必要绘制草图表明检测区域内深度或长度超过验收标准的裂纹缺陷。

检验报告应包括下列内容：

a）被检件名称、材料牌号、规格、状态和被检件的局部检测区尺寸。

b）仪器设备型号和编号，探头编号。

c）对比试样型号或编号。

d）检验结果说明。

e）送检日期及检验日期。

f）送检单位及检验单位。

g）检验、校对、审核人员签章。

六、检测后处理

在飞机机翼铆接区域若发现超过检测要求的缺陷，经设计部门同意可在缺陷部位进行清除修补，并联系相关部门进行漆层恢复。处理后，该区域技术指标应满足产品的有关要求，然后重新进行涡流检验。如检验结果满足要求，认为检验合格，否则为检验不合格。

2.4.3　检测报告

涡流检测报告示例见表 2-3 所示。

表 2-3　涡流检测报告示例

工件编号	0021	仪器型号	Phase 2d	探头型号	MP-905
材料	铝合金板材	验收标准	不允许存在大于等于 0.2mm 深的缺陷		

参数选择							
频率	200kHz	增益	45dB	相位	28Deg	比例	2:1

检测结果

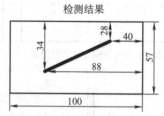

检测结果：试件经涡流检测发现图示 1 处长约 48mm 的缺陷，缺陷相当于对比试样上宽 0.1mm，深 0.5mm 的当量尺寸。

检测结论：工件不合格。

检验人员：×××　　　　　　　　日期：××年××月××日

复习思考题

1. 什么是电磁感应？

2. 什么是涡流？什么是趋肤效应？涡流标准渗透深度公式是什么？

3. 为什么涡流会造成探头阻抗的变化?

4. 影响涡流响应的主要因素是什么? 什么是边缘效应? 什么是提离效应?

5. 涡流检测信号中相位角的定义是什么?

6. 涡流探头的分类及特点?

7. 涡流检测仪的分类及组成是什么?

8. 对比试样的作用及制作方法是什么?

9. 涡流检测的参数设定原则是什么?

磁粉检测（Magnetic Particle Testing，简称 MT）是基于铁磁性材料磁化后能在缺陷处产生漏磁场并吸附磁粉这一现象来发现缺陷的，广泛应用于机械制造、化工、电力、造船、航空、航天等领域重要承力结构及零部件的表面及近表面质量检验。

3.1 磁粉检测的基本原理

磁粉检测的基本原理如图 3-1 所示，建立基础是不连续性处漏磁场与磁粉的磁相互作用。

首先在被检件中建立一个合适的磁场，如图 3-1a 所示。将铁磁性材料工件置于磁场内进行磁化，使其内部产生很强的磁感应强度，磁感线密度增大几百倍到几千倍。

如果材料内部存在不连续性（即工件正常组织结构或外形有任何间断），在不连续性处磁感线将发生弯曲，溢出零件表面形成可检测的漏磁场，如图 3-1b 所示。

然后将磁粉介质均匀分布在被检表面上，漏磁场将会吸附磁粉形成磁粉显示（磁粉聚集形成的图像），产生一个类似缺陷表面形状的放大图像（通常漏磁场的宽度要比缺陷的实际宽度大数倍乃至数十倍），从而显示出不连续性发生的位置、大小、形状和严重程度，如图 3-1c 所示。

在合适光照下观察被检件表面形成的磁粉显示，对磁粉显示进行解释、评定，据此来评价被检件使用的可靠性。

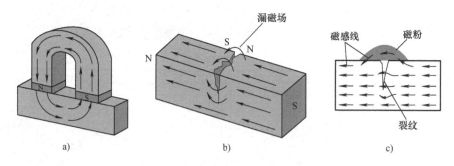

图 3-1 磁粉检测的基本原理

a）对材料施加磁场磁化 b）缺陷处形成漏磁场 c）漏磁场吸附磁粉形成磁粉显示

3.1.1 磁粉检测的物理基础

1. 磁场与磁力线

磁体间相互作用是通过磁场来实现的，磁场有大小和方向。

为了形象地描述磁场的大小、方向和分布情况，人们在磁场内画出若干条假想的连续曲线，这些曲线上任一点的切线方向都与通过该点的磁场方向一致，曲线疏密程度表示了磁场的强弱。这些假想的曲线就叫做磁力线，如图 3-2 所示。

磁力线具有以下特征：

1）具有方向性，磁力线彼此不相交。

2）磁力线是闭合的，不会中断，即使是在不同物质中也是如此，但由于物质磁性不同，会在界面上产生折射。

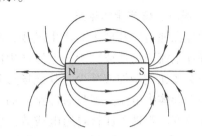

图 3-2　条形磁铁的磁力线

3）磁力线在行进中总是走最短路径。

4）磁力线密度，随着磁极间距离增加而降低。

2. 描述磁场的基本物理量

（1）磁通量（Φ）　规定通过某一曲面的磁力线数，单位为 Wb。

（2）磁场强度（H）　表征磁源磁场的量值特征，单位为 A/m。

（3）磁感应强度（B）　描述物质的磁性状态，表示单位面积上的磁通量，单位为 T。

（4）磁导率（μ）　表征介质材料的磁特性，它表示了材料被磁化的难易程度，反映出材料的导磁能力，单位为 H/m。

磁导率是物质磁化时磁感应强度与磁场强度的比值，用公式表达为

$$\mu = \frac{B}{H} = \mu_0 \mu_r \tag{3-1}$$

式中　μ_0——真空磁导率，$\mu_0 = 4\pi \times 10^{-7} \text{H/m}$；

　　　μ_r——相对磁导率，无量纲。

（5）磁介质　能影响磁场的物质称为磁介质。

自然界中没有非磁性的物质，一切物质毫无例外都具有不同程度的磁性，因此都是磁介质。根据磁介质放入磁场中引起磁场变化的强弱可将物质分为抗磁性物质、顺磁性物质和铁磁性物质三类。

抗磁性物质——使磁场减弱，$\mu_r < 1$；

顺磁性物质——使磁场略有增加，$\mu_r > 1$；

铁磁性物质——使磁场剧烈增加，$\mu_r >> 1$。

铁磁性材料具有以下特性：

（1）高导磁性　能在外加磁场中强烈地磁化，产生非常强的附加磁场，它的磁导率很高，相对磁导率可达数百甚至数千。

（2）磁饱和性　铁磁性材料由于磁化所产生的附加磁场，不会随外加磁场增加而无限地增加，外加磁场达到一定程度后，全部磁畴（铁磁物质中的电子自旋磁矩在一个小范围内取得一致的排列方向，形成一个个自发磁化区，这种自发磁化区称为磁畴）的方向都与外加磁场的方向一致，磁感应强度 B 不再增加，呈现磁饱和性。

（3）磁滞性　当外加磁场的方向发生变化时，磁感应强度的变化滞后于磁场强度的变化。当磁场强度减小到零时，铁磁性材料在磁化时所获得的磁性并不完全消失，而保留了剩磁。

　　铁磁性材料的磁滞回线如图 3-3 所示，它表征了物质的磁特性（磁导率、剩磁、矫顽力等）。

3. 通电导体产生的磁场

　　导体在通电时其周围会产生磁场，随着通入导体电流的增加或减少，电流产生的磁场大小会按比例增加或减少，其磁场形状也随着通电导体中电流类型与通过路径的不同而发生改变。当铁磁性材料通电或放入电流产生的磁场中时，材料将受到磁化而具有磁性。

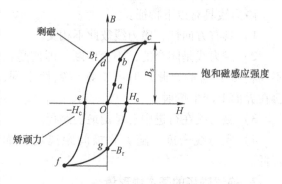

图 3-3　磁滞回线

　　在磁粉检测中，主要是用电流产生的磁场对工件进行磁化的。因为电流产生的磁场易于控制，不仅可控制产生磁场的大小，还可控制产生磁场的方向，对于检测工作大有益处。

　　产生磁场的方式有工件直接通电和利用导体通电两种。前者是在工件中直接通过电流产生磁场并使工件在这个磁场中得到磁化，称为直接通电磁化法；后者是利用导体在通电时产生的磁场（线圈或中心导体等）对工件实施磁化，由于工件中无电流通过，是利用磁感应的方法使工件得到磁化，所以称为感应磁化法。

4. 漏磁场

　　如图 3-4 所示，当铁磁材料表面出现裂纹或其他影响材料连续性的断裂时，由于铁磁材料和空气的磁导率不同，材料中具有足够的磁通，磁力线将在材料与空气的分界面上产生畸变。磁力线从裂纹的一个端面进入空气，并经过空气从裂纹另一端回到铁磁材料。这种在空气中进出的磁通就是漏磁通，而泄漏在铁磁材料以外的由漏磁通形成的磁场就叫做漏磁场。

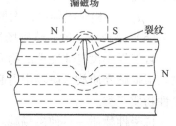

图 3-4　漏磁场的产生

　　影响缺陷漏磁场形成的因素主要有以下几个方面：

1）外加磁场强度和工件材料磁导性的影响。

2）缺陷方向的影响。

3）缺陷埋藏深度的影响。

4）缺陷的尺寸和形状的影响。

5）磁化方向的影响。

6）钢材表面覆盖层的影响。

7）工件的形状，所采用的磁化电流的种类（交流电、直流电或整流电）的影响。

5. 退磁场

　　在磁化时工件上也可能出现像条形磁铁一样较强的磁极，它产生的磁场与外加磁场方向相反，削弱了外加磁化场对工件的磁化能力，严重影响了工件的磁化。把铁磁性材料磁化时，由材料中磁极所产生的磁场称为退磁场，也称为反磁场。退磁场的大小与工件的材质、外加磁场强度以及工件的形状尺寸有很大关系。

6. 磁场的合成

在磁粉检测中，经常用到两种不同方向的磁场，即周向磁场与纵向磁场。

所谓周向磁场，是一种产生在试件与轴向垂直的圆周方向的磁场。这种磁场主要由电流通过的导体产生，磁力线沿着与试件轴线垂直的圆周方向闭合。

纵向磁场是指与试件轴向一致（或平行）的磁场。这种磁场通常由螺管线圈、条形磁铁以及 U 形磁铁产生，磁力线沿着试件轴线通过并经由试件两端从空气中闭合。

用周向磁场对工件进行的磁化叫做周向磁化。用纵向磁场对工件进行的磁化称为纵向磁化。周向磁化一般无磁极产生，即没有退磁场；而纵向磁化一般都有磁极产生。

当两个或多个不同方向的磁场同时对一个试件进行磁化时，其各个磁场将在试件上形成合成磁场，其变化符合矢量法则，试件在合成磁场中得到磁化。

3.2　磁粉检测方法

3.2.1　磁化电流的选择

在磁粉检测中是用电流来产生磁场的，常用不同的电流对工件进行磁化。这种为在工件上形成磁化磁场而采用的电流叫做磁化电流。由于不同电流随时间变化的特性不同，在磁化时所表现出的性质也不一样，因此，在选择磁化设备与确定工艺参数时，应考虑不同电流种类的影响。

常用的磁化电流有交流电流和直流电流（整流电流），磁化电流峰值与其他值的转换关系见表 3-1。

表 3-1　磁化电流峰值与磁化电流表指示换算关系

电流 项目	正弦交流电	单相整流电		三相整流电		直流电
		半波	全波	半波	全波	
计算公式	$1.414I$	$3.14I_d$	$1.57I_d$	$1.21I_d$	$1.05I_d$	I_d

注：I 为电流有效值；I_d 为电流平均值。

1. 交流电检测特点

用交流电磁化时，电流的方向和大小不断发生变化，它所产生的磁场方向和大小也不断地沿直线方向来回变化。这种变化能够搅动磁粉，有助于磁粉的运动，提高检测的灵敏度。

由于交流电具有趋肤效应，它产生的磁场主要集中在工件表面附近，因此对表面缺陷具有较高的检出能力。

交流电存在着相位变化，能够较好地实现复合磁化或感应磁化。

交变磁场方向不断变化，经交流电磁化的工件退磁较直流电磁化的工件容易。

交流电检测深度不如直流电深，由于交流电方向变化时大小也发生了变化，因此存在着剩磁不稳定的现象，故多用于连续法检测，用剩磁法检测可能会造成漏检，为此需加装相位断电控制装置。

在工业生产中，由于交流电供电方式较为普及，加之交流磁化设备也容易制作，同时交流电对表面缺陷检测灵敏度也较高，因而交流磁粉检测机得到了广泛的应用。

2. 整流电检测特点

整流电（特别是三相整流电）虽经交流电整流，但它已经具有相当的直流成分，电流的趋肤效应减弱，有利于发现离被检件表面较深处的缺陷，故常用于铸钢件、球墨铸铁毛坯以及焊接构件的检测，以发现近表面气孔或夹杂物。同时，整流电流能在工件中产生较稳定的剩磁，故常用于剩磁检测。但整流电流设备较交流电设备复杂，工件检测时变截面上磁场不均匀，磁化后剩余磁场也较大，退磁较困难。

3.2.2 磁粉检测方法分类

1. 按施加磁粉的时机分类

（1）剩磁法　剩磁法是在停止磁化后将磁悬液施加到工件上，利用工件中的剩磁进行检测的方法。剩磁法的操作程序如图 3-5 所示。

图 3-5　剩磁法操作程序

（2）连续法　连续法是在外加磁场磁化的同时，将磁粉或磁悬液施加到工件上，进行磁粉检测的方法。连续法的操作程序如图 3-6 所示，连续法检测示意图如图 3-7 所示。

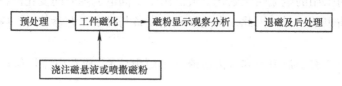

图 3-6　连续法操作程序

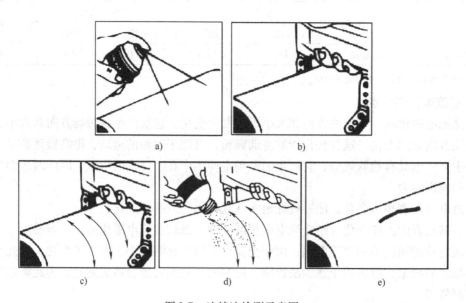

图 3-7　连续法检测示意图

a）预处理　b）施加磁轭　c）通电磁化　d）施加磁粉　e）检测出裂纹

连续法和剩磁法检测的比较见表 3-2。

表 3-2　连续法和剩磁法检测的比较

磁化方法	优　点	缺　点
连续法	1. 适合于任何铁磁材料 2. 具有较高的检测灵敏度 3. 用于复合磁化	1. 检验效率较剩磁法低 2. 容易出现干扰缺陷磁粉显示的杂乱显示
剩磁法	1. 检验效率高 2. 杂乱显示少,判断磁粉显示方便 3. 目视检测性较好 4. 有足够的灵敏度	1. 剩磁低的材料不适用 2. 不能用于复合(多向)磁化 3. 不能用于干法检测 4. 剩磁检查要加相位断电器

2. 按显示材料分类

（1）荧光法　荧光法是以荧光磁粉为显示材料的磁粉检测，如图 3-8 所示。

（2）非荧光法　非荧光法是以普通磁粉为显示材料的磁粉检测，如图 3-9 所示。

图 3-8　荧光法

图 3-9　非荧光法

3. 按介质种类分类

按照介质种类分为干法和湿法两种，其中用得最多的是湿法。

（1）干法　干法采用特制的干燥磁粉，利用空气作分散介质，将磁粉施加在已被磁化的工件表面，工件上的缺陷漏磁场将吸附磁粉形成缺陷的磁粉显示图像，如图 3-10 所示。多用于局部区域检查，通常与便携式设备配合使用。

操作应在磁粉和被检查工件表面完全干燥的条件下进行，施加干燥磁粉应呈雾状分布于被磁化的工件表面，形成一层薄而均匀的磁粉覆盖层，整个磁化过程中要一直保持通电磁化，只有观察磁粉显示结束后才能撤除磁化场。

（2）湿法　湿法检测过程中将磁悬液分布在工件表面上，利用载液流动和漏磁场对磁粉的吸引，显示出缺陷形状和大小，如图 3-11 所示。常与固定式检测设备配合使用，适用于大批量的工件检测，检测灵敏度比干法高，磁悬液可以回收和重复使用。

湿法检测前须将磁悬液搅拌均匀。施加方式主要有浇和浸。浇法多用于连续法磁化以及较大的工件；浸法则多用于剩磁法检测的尺寸较小的工件。

操作时要注意掌握施加磁悬液的压力和速度以及工件的浸润时间，防止干扰磁粉显示形成的因素。

图 3-10　干法

图 3-11　湿法

3.2.3　磁化方法

根据工件磁化时磁场的方向，磁化方法可分为周向磁化、纵向磁化和多方向磁化三种。

1. 周向磁化

周向磁化是指给工件直接通电，或者使电流通过贯穿空心工件孔中的导体，旨在工件中建立一个环绕工件并与工件轴相垂直的周向闭合磁场，用于发现与工件轴平行的纵向缺陷。如图 3-12 所示为周向磁化主要磁化方法。

通电法如图 3-13 所示，将工件夹持在两电极之间，使电流沿轴向通过工件，由电磁感应（电流）在工件内部及其周围建立一个闭合的周向磁场。

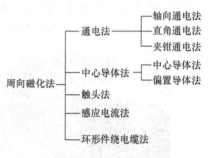

图 3-12　周向磁化法

中心导体法如图 3-14 所示，将一个导体穿过空心工件中并使电流通过导体，在工件内外表面产生周向磁场。

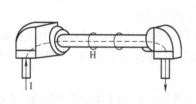

图 3-13　通电法

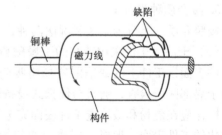

图 3-14　中心导体法

通电法或中心导体法磁化电流计算的基本公式为

$$I = \pi DH \tag{3-2}$$

式中　I——通过工件的电流强度，单位为 A；

　　　D——被磁化工件的直径，单位为 m；

　　　H——外磁场强度，单位为 A/m。

2. 纵向磁化

纵向磁化是指将电流通过环绕工件的线圈，沿工件纵长方向磁化的方法，工件中的磁感应线平行于线圈的中心轴线，用于发现与工件轴相垂直的周向缺陷（横向缺陷），其主要磁化方式如图3-15所示。

磁轭法如图3-16所示，利用便携式磁轭或永久磁轭产生纵向磁场，对工件表面局部区域进行磁化。

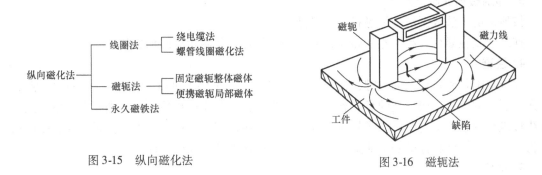

图 3-15　纵向磁化法　　　　　　　　　　图 3-16　磁轭法

3. 多方向磁化

多方向磁化是指通过复合磁化，在工件中产生一个大小和方向随时间按照一定轨迹变化的磁场，因为磁场的方向在工件上不断地变化着，所以可发现工件上多个方向的缺陷。多方向磁化包括交叉磁轭法、交叉线圈法、直流磁轭与交流通电法、直流线圈与交流通电法、有相移的整流电磁化法等。

选择磁化方法应考虑的因素：

1）磁场方向应尽量与预计的缺陷方向垂直，若不知道缺陷方向，可进行两次以上的不同方向的磁化操作。

2）要注意工件形状和尺寸对磁化的影响，特别是退磁场的影响。

3）在不允许工件表面有烧损检测面的情况时，尽量采用磁感应磁化的方法。

3.2.4　磁粉检测的工艺流程

工艺流程的正确执行是获得良好检测结果的保证。磁粉检测的工艺流程，如图3-17所示。

图 3-17　磁粉检测工艺流程图

1. 预处理

预处理是对进行磁粉检测的工件作预备性的处理，以提高检测灵敏度，减少伪缺陷磁粉显示的杂乱显示，同时延长磁悬液的使用寿命。

清除试件表面的杂物，以免妨碍磁粉在缺陷上的附着；干法检测的工件表面应充分干燥；对组合装配件应分解后实施磁粉检测。

2. 磁化

根据工件的形状、尺寸、材质和需要检测的缺陷种类、方向和大小来选择磁化方法和磁化电流，然后接通电源，对试件进行磁化操作。

磁化场方向应尽可能与被检缺陷垂直，或至少保证有较大的夹角。

合理的磁化电流应能使要求检出的缺陷产生足够的漏磁场，形成明显的磁粉显示，同时其他部位的漏磁场应尽可能弱。磁化电流是否合理要用试片、试块进行校验。

磁化工件一般采用间断通电方式。

3. 施加磁粉或磁悬液

按所选的干法或湿法施加磁粉或磁悬液。

连续法是在磁化过程中施加磁粉，而剩磁法是在工件磁化后施加磁粉。

4. 检查

检查缺陷是磁粉检测的关键，检查应在规定的照明条件下进行。用非荧光磁粉检测时，在光线明亮的地方，用自然的日光和灯光进行观察；用荧光磁粉检测时，则要在暗室利用紫外线灯进行观察。不是所有的磁粉显示都是缺陷，所以应对磁粉显示进行分析判断，排除假磁粉显示。根据验收标准确定缺陷等级，并对工件作出结论和质量评价。

5. 退磁

检测完毕后，应根据需要对工件进行退磁，以消除材料磁化后的剩余磁场，使其达到无磁状态，防止剩磁可能造成的工件运行受阻和零件的磨损，尤其是转动部位经磁粉检测后，更应进行退磁处理。

6. 后处理

经磁粉检测的工件要求进行后处理。对检测合格的工件，要进行清洗，去除工件表面残留的磁粉、磁悬液和进行脱水防锈处理；对检测不合格的工件，应另外存放。

3.3 磁粉检测装置

3.3.1 磁粉检测设备的分类

磁粉检测设备是产生磁场、对工件实施磁化并完成检测工作的专用装置，是磁粉检测中不可缺少的。磁粉检测设备通常称为磁粉检测机。一般分为固定式、移动式和便携式三种。

1. 固定式磁粉检测机

固定式磁粉检测机如图 3-18 所示，一般安装在固定场所，磁化电流既可以是直流电流，也可以是交流电流，设备的输出功率、外形尺寸和重量较大，主要适用于中小型工件的批量检测。

图 3-18　固定式磁粉检测机

2. 移动式磁粉检测机

移动式磁粉检测机如图 3-19 所示，它是一种分立式的检测装置，体积较固定式小，重量比固定式轻，能在许可范围内自由移动，具有较大的灵活性和良好的适应性，便于适应不同检查要求的需要，主要检查对象为不易搬动的大型工件。

3. 便携式磁粉检测机

便携式磁粉检测机如图 3-20 所示，它比移动式磁粉检测机更灵活，体积更小，重量更轻，可随身携带，适用于户外场合和高空作业，一般多用于锅炉和压力容器的焊缝检测，飞机的现场检测以及大中型工件的局部检测。

图 3-19　移动式磁粉检测机

图 3-20　便携式磁粉检测机

3.3.2　磁粉检测设备的主要组成

磁粉检测设备主要由磁化电源装置、夹持装置、指示与控制装置、磁粉施加装置、照明装置和退磁装置等组成。

1. 磁化电源装置

磁化电源装置是磁粉检测机的核心部分，其作用是产生磁场，使被测件磁化。在不同的磁粉检测机中，由于磁化方式和使用方式的不同，可以采用不同电路和结构的磁化电源。

2. 夹持装置

夹持装置是用来夹紧被测件，使其通过电流的电极或通过磁场的磁极装置。在固定式磁粉检测机中，夹持装置是夹紧被测件的夹头，磁粉检测机夹头之间的距离是可以调节的。移动式或便携式磁粉检测机没有固定夹头，它是一种与软电缆相连，并将磁化电流导入和导出被测件的手持式棒状电极，与被测件的接触多用人工压力及电磁吸头。

为了保证被测件与夹头之间接触良好，夹头上装有导电性能良好的铜板或铜网（接触垫），以及软金属材料（铅板等），防止通电时引起电弧或烧伤被测件。

3. 指示与控制装置

指示装置是安装在设备的面板上，用来指示磁化电流大小的仪表及有关工作状态的指示灯。交流多采用有效值表或将有效值换算成峰值的电流表，直流采用平均值表或数字显示的数字电流表。

控制装置是控制磁化电流产生和磁粉检测机使用过程的电气装置的组合。

4. 磁粉施加装置

在固定式磁粉检测机中，磁粉施加装置由磁悬液槽、液压泵、导液软管和喷嘴及回液盘等组成。液压泵工作时，叶片将槽中的磁悬液搅拌均匀，并以一定压力将其通过喷嘴浇到被测件上，在被测件的表面形成一个磁悬液薄层。多余的磁悬液可通过回液盘及回收管道注入磁悬液槽循环使用。回液盘上装有过滤网，以防止污物等进入循环泵。

移动式和便携式磁粉检测机上没有固定式的磁粉施加装置。在湿法检测时，常采用电动或手动喷洒装置，如带喷嘴的塑料瓶，使磁粉或磁悬液均匀地分布在工件表面。干法检测时可用压缩空气或专用的橡皮磁粉撒布器来撒布磁粉。

5. 照明装置

缺陷的磁粉显示是在一定光照条件下进行的。进行非荧光磁粉检测时,采用白炽灯或荧光灯照明观察装置;进行荧光磁粉检测时,采用紫外线灯照明观察装置。

白炽灯或荧光灯产生的是可见光,它的波长范围为 400～760nm。对于此类光源要求能在被测件上有一定的照度,并且光线要均匀、柔和,不能直射观察人的眼睛。

荧光磁粉检测所采用的紫外线灯与渗透检测所采用的紫外线灯相同。当紫外线照射到表面包覆一层荧光染料的荧光磁粉上时,荧光物质便吸收紫外线的能量,激发出黄绿色的荧光,由于人眼对黄绿光的特殊敏感性,大大增强了对磁粉显示的识别能力。

6. 退磁装置

退磁装置是将工件中的剩磁减弱到不影响使用程度的设备,有的以分立件单独设置,有的就装在磁粉检测机上,常用的退磁装置有以下几种。

(1) 交流线圈退磁装置　对于中小型工件的批量退磁,常采用交流线圈退磁装置。它是利用交流电的自动换向,离开线圈后磁场强度逐渐衰减的原理进行退磁。交流电衰减波形如图 3-21 所示。图 3-22 所示为常见的交流退磁机外观图。

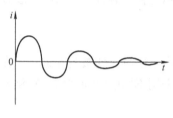

图 3-21　交流电衰减波形图

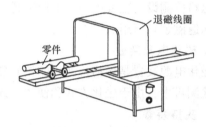

图 3-22　交流退磁机

(2) 直流换向衰减退磁装置　对于用直流电磁化的工件,为了使工件内部能获得良好退磁,常常采用直流换向衰减退磁方法。通过特殊开关装置不断变换直流电的正负极,改变电流的方向,从而得到反转磁场。直流退磁法常用的电流为整流电,如图 3-23 所示。

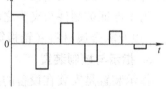

图 3-23　直流电衰减波形

3.3.3　磁粉

磁粉是一种粉末状的铁磁物质,有一定大小、形状、颜色和较高的磁性。磁粉是磁粉检测中的漏磁场检测材料,同其他的磁敏元件一样,它能够反映出工件上的材料非连续处的漏磁场情况,并能直观清晰地显示出缺陷的大小和位置。作为换能传感器件,磁粉质量的优劣直接影响检测的效果,应该正确地选择和使用磁粉,才能保证检测工作的质量。

磁粉的种类很多,按适用的磁粉显示观察方式,磁粉分为荧光磁粉和非荧光磁粉;按适用的施加方式,磁粉分为湿法用磁粉和干法用磁粉。

1. 非荧光磁粉

非荧光磁粉是一种在可见光(白光)下用于观察磁粉显示的磁粉。目前使用较为广泛的是黑色磁粉,它的主要成分是四氧化三铁 (Fe_3O_4)。

非荧光磁粉又有干式磁粉和湿式磁粉之分。干粉是一种直接喷撒在被检工件表面进行检测用的磁粉，适用于干法检验。湿粉在使用时应以油或水作分散剂，配制成磁悬液后使用，适用于湿法检验。

2. 荧光磁粉

荧光磁粉是一种在紫外线（黑光）照射下用于观察磁粉显示的磁粉。它是以磁性氧化铁粉、工业纯铁粉等为核心，再在外面粘合一层荧光染料树脂制成的。在紫外线的照射下，能发出波长为 510~550nm 为人眼接受的最敏感的、鲜明的黄绿色荧光，与工件表面颜色形成很高的对比度。荧光磁粉具有很高的检测灵敏度，可见度及与工件表面的对比度都远大于非荧光磁粉，容易观察，能提高检测速度，使用范围也很广泛。

3.3.4　磁悬液

磁悬液是将一定量的磁粉与某种液体（载液——将磁粉在液体中分散和悬浮）混合，让磁粉颗粒在液体中成分散状，这样在检测时由于工件表面漏磁场的吸引，将分散在液体中的磁粉聚集在缺陷处形成磁粉显示。用来悬浮磁粉的液体有油剂和水剂两大类，一般油剂磁悬液采用无味煤油、变压器油等配制，水剂磁悬液采用清洁的水加上各种添加剂配制而成。

磁悬液的浓度对显示缺陷的灵敏度影响很大，浓度不同，检测灵敏度也不一样。浓度太低，影响漏磁场对磁粉的吸附量，磁粉显示不清晰，会使缺陷漏检；浓度太高，会在工件表面滞留下很多磁粉，形成过度背景，甚至会掩盖对缺陷的显示。

对光亮零件及检测要求较高的检验，应采用粘度和浓度都大一些的磁悬液。对表面粗糙及灵敏度要求较低的工件，应采用粘度和浓度小一些的磁悬液。

一般情况下的磁悬液浓度范围的规定见表 3-3。

表 3-3　磁悬液浓度范围

磁粉类型	配制浓度（g/L）	沉淀浓度（mL/100mL）
非荧光磁粉	10~25	1.2~2.4
荧光磁粉	0.5~3.0	0.1~0.4

磁悬液的施加方法主要有以下几种：

（1）喷洒法　喷洒法是将磁悬液装在专门的容器里，利用电泵或手动喷壶将搅拌均匀的磁悬液通过喷嘴喷洒在工件表面。前者多用于固定式磁化装置，后者常用于流动作业。

（2）刷涂法　刷涂法是用毛刷浸蘸磁悬液后涂布于工件表面上，涂布时应注意磁悬液的流动性和均匀性。刷涂法简便易行，但效率不高。

（3）浸泡法　浸泡法是将磁化后的整个工件浸泡在均匀的磁悬液中，数秒后取出。此法多用于小型零件的剩磁检测。

3.3.5　标准试块

磁粉检测标准缺陷试片和试块是检测时必备的工具，分为标准缺陷试片（试块）和带有自然缺陷的试件两种，其作用主要是用来检验检测设备、磁粉和磁悬液综合性能（系统灵敏度），也可用于考察磁粉检测试验条件和操作方法是否恰当。

图 3-24 所示为磁粉检测灵敏度试片，为单面刻槽制作的人工缺陷标准试片，外形为十

字线，右下角的分式是槽深与试片厚度之比，在同一厚度尺寸下，槽深越小其相对灵敏度越高。

图 3-25 所示为 B 型标准缺陷试块，这种试块用于校验直流磁粉检测机。

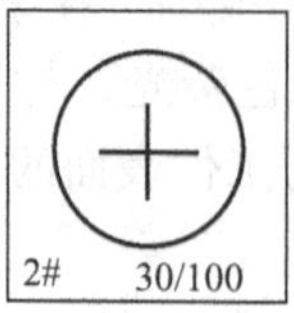

图 3-24　磁粉检测灵敏度试片

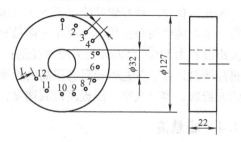

图 3-25　B 型标准缺陷试块

图 3-26 所示为 E 型标准缺陷试块，这种试块用于校验交流磁粉检测机。

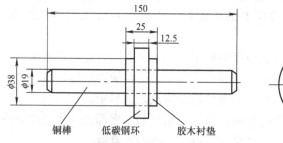

图 3-26　E 型标准缺陷试块

试片和试块多由低碳钢制作（自然试块与工件材质相同），硬度较低，使用中注意不要划伤、折叠、撞击等。试片和试块使用后应涂上防锈油并安全存放，防止因其锈蚀而影响使用。

3.3.6　测量设备与器材

1. 磁强计

磁强计是利用力矩原理做成的简易测磁仪器，用于磁粉检测后剩磁测量以及使用加工过程中产生的磁测量，其外形如图 3-27 所示。

2. 照度计

照度计是用于测量黑光及白光强度的测定仪器，可检验工件区域的白光照度值，并通过测量离黑光灯一定距离处的荧光强度，间接测量紫外线的辐射照度。

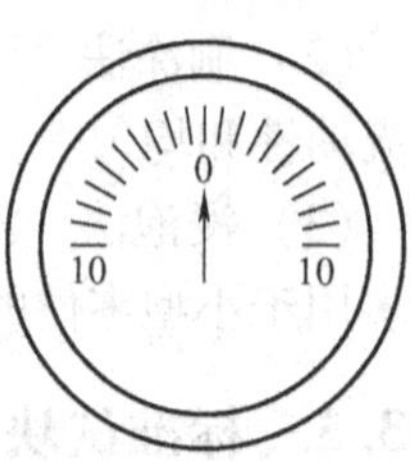

3. 磁悬液沉淀管

磁悬液沉淀管是用于测量磁悬液浓度（即磁粉在磁悬液中的含量）的梨形测量装置。通过观察磁粉沉淀量及确定其与磁悬液浓度的关系，就能得到所测磁悬液的浓度，其示意图如图 3-28 所示。

图 3-27　磁强计

图 3-28　磁悬液沉淀管示意图

3.4　磁粉检测应用实例

3.4.1　磁粉检测作业指导书

磁粉检测作业指导书示例见表 3-4。

表 3-4　磁粉检测作业指导书示例

磁粉检测作业指导书

一、前言

1. 适用范围

本规程按 JB/T 4730.4—2005 的要求编写。适用于铁磁性材料的机加工件、焊缝、板材坡口面等表面和近表面缺陷的检测，不适用于非磁性材料及磁性材料与非磁性材料结合部位的检测。

2. 检验标准

JB/T 4730.4—2005

二、检验人员资质要求

磁粉检测工作应由规定的 NDT 人员资格认证的程序认可的人员实施。经考核合格，并取得磁粉检测 I 级或 I 级以上资格证书的检测人员担任。

三、工作参数与检测要求

1. 工作参数

工件材质：40 钢。

工件表面状态：无涂层、飞溅焊渣、锈蚀等任何影响对磁粉显示正确评定的物质。

2. 检测要求

对于检测工件的数量和工件的检测部位作 100% 检测。

四、磁粉检测系统

1. 磁粉检测方法和检测设备

磁粉检测方法：非荧光、湿法、交流、连续法。

检测设备：CJE 交流电磁轭检测仪。

2. 磁粉、载液及磁悬液配制浓度

黑磁粉 + 水（10 ~ 25 g/L）。

3. 灵敏度试片

A_1-30/100。

4. 检测环境

（续）

螺栓表面光照度大于等于1000lx。

五、检测顺序

1. 检测准备

预处理：除去漆层、锈蚀，并清洗油脂。

2. 检测工艺

1）磁化：使用磁轭对螺栓磁化。

2）施加磁粉或磁悬液：磁化的同时喷洒磁悬液。

3）磁粉显示的观察与记录：采用照相、贴印或磁悬液。

4）缺陷评级：确认是相关显示，按 JB/T 4730.4—2005 第9条缺陷评级进行评级。

5）退磁：需要退磁。

3. 复验和检测报告

复验：按 JB/T 4730.4—2005 第6条缺陷评级进行评级。

检测报告：按 JB/T 4730.4—2005 第10条缺陷评级进行评级。

4. 报告编制

1）委托单位。

2）被检工件：名称、编号、规格、材质、坡口形式、焊接方法和热处理状态。

3）检测设备：名称、型号。

4）检测规范：磁化方法及磁化规范，磁粉种类及磁悬液浓度和施加磁粉的方法，检测灵敏度校验及标准试片、标准试块。

5）磁粉显示记录及工件草图（或示意图）。

6）检测结果及质量分级、检测标准名称和验收登记。

7）检测人员、审核人员和批准人员签字或盖章。

8）检测日期。

六、检测后处理

清洗工件表面磁粉；使用水磁悬液检验时，为防止工件生锈，可用脱水防锈油处理；不合格工件应隔离。

编制：×××Ⅱ级	审核：×××Ⅱ级	批准：×××Ⅲ级
日期：×××	日期：×××	日期：×××

3.4.2　典型工件的磁粉检测

特种设备磁粉检测工艺卡示例见表3-5。

表3-5　特种设备磁粉检测工艺卡

工件名称	气罐	材料牌号	09MnNiDR	规格尺寸	$\phi2800mm \times 8000mm \times 18mm$
热处理状态	—	检测部位	A、B_1、B_2、C、D 焊缝及热影响区，100%检测	被检表面要求	除去漆层、锈蚀，并清洗油脂
检测时机	焊接完24h后	检测设备	CJE-200 交流电磁轭	标准试片（块）	A_1-30/100
检测方法	非荧光、湿法交流连续法	光线及检测环境	黑光辐照度 ≥ $1000\mu W/cm^2$ 环境光 <20lx	缺陷磁粉显示记录方式	照相、贴印或临摹草图
磁化方法	磁轭法	电流种类磁化规范	AC（提升力）≥45N	磁粉，载液及磁悬液配制浓度	黑磁粉 + 水（10~25g/L）

（续）

工件名称	气罐	材料牌号	09MnNiDR	规格尺寸	φ2800mm×8000mm×18mm
磁悬液 施加方法	浇法	检测方法标准	JB/T 4730.4—2005	质量验收等级	Ⅰ级
磁粉检测质量 评级要求		1）不允许存在任何裂纹和白点 2）不允许存在任何横向缺陷显示 3）不允许存在任何线性缺陷磁粉显示 4）圆形缺陷磁粉显示（评定框尺寸为35mm×100mm），长径 $d \leqslant 1.5$mm，且在评定框内不大于1个			

磁化方法示意草图：（气罐）	磁化方法附加说明：
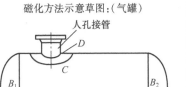	1）A 焊缝用交叉磁轭磁化 2）B_1、B_2 焊缝用交叉磁轭磁化 3）C、D 焊缝用可变角度交流电磁轭，在垂直或平行焊缝的两个方向磁化。磁极间距 $L \geqslant 75$mm，保证有效磁化区重叠，在磁化时施加磁悬液 4）磁化规范最终以 A_1-30/100 标准试片上磁粉显示确定

编制	Ⅱ级（或Ⅲ级） ×××年××月××日	审核	NDT 责任工程师 ×××年××月××日	审批	单位技术负责人 ×××年××月××日

3.4.3　检测报告

磁粉检测报告示例见表3-6。

表 3-6　螺栓磁粉检测报告

试件材质	16MnR		试件厚度/mm		10		试件编号		JX-88
仪器型号	CJE 交流电磁轭		标准试块		A_1-30/100		表面状况		焊接表面
磁化时间/s	1~3		磁化方法		交流磁轭		磁悬液施加方法		喷洒
磁悬液类型及浓度		水悬液，10~25 g/L			提升力（N）——磁轭法				>45N
支杆间距/mm——支杆法		—			磁化电流（A）——支杆法				—
执行标准		JB/T 4730—2005/Ⅰ级							
缺陷序号	$S_1(S_1')$/mm		$S_2(S_2')$/mm		$n_1(n_2)$		评定级别		备注
①	20				1		不允许		裂纹
②			25		1		不允许		裂纹

示意图：

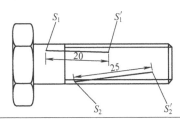

结论		不合格			
探伤员	×××		日期		×××

复习思考题

1. 磁力线有哪些特征？
2. 什么是磁场强度、磁通量和磁感应强度？
3. 什么是磁导率？磁介质如何分类？
4. 影响缺陷漏磁场形成的因素有哪些？
5. 什么是退磁场？其影响因素有哪些？
6. 什么是磁化电流？最常用的磁化电流有哪几种？各有什么特点？
7. 磁粉检测方法的分类及特点？
8. 磁化方法有哪些种类？选择磁化方法应考虑的因素有哪些？
9. 磁粉检测的操作程序是什么？
10. 磁粉检测设备分为几类？各类的使用范围如何？
11. 磁粉检测设备主要由哪几个部分组成？
12. 磁悬液怎样分类？如何使用？
13. 标准缺陷试片的主要用途有哪些？
14. 常用的磁粉检测测量设备与器材有哪些？各有何用途？

渗透检测（Penetrant Testing，简称PT）是以毛细作用原理为基础用于检测非疏孔性金属和非金属试件表面开口缺陷的无损检测方法。其应用广泛，遍及现代工业的各个领域，其检测方法不受材料的组织结构和化学成分的限制，对零件进行一次性检测，可以覆盖其所有表面；可以检出缺陷的分布，但难以确定缺陷的实际深度。

4.1　渗透检测的基本原理

渗透检测的基本原理如图4-1所示。首先将含有染料的渗透剂涂在试件表面，在毛细作用下渗透剂渗入表面开口的细小缺陷中，然后清除掉试件表面多余的渗透剂，比如水洗型渗透剂可直接用水去除，再施加显像剂，缺陷中的渗透剂在毛细作用下重新被吸附出来并在零件表面形成显示，在黑光或白光下观察缺陷显示，以此来评价产品的质量状况。

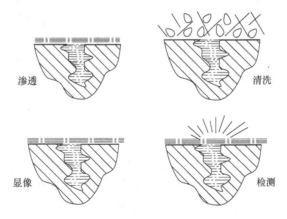

图 4-1　渗透检测的基本原理

4.1.1　渗透检测的物理基础

1. 毛细作用

液体表面存在表面张力（称为内聚力），导致液体表面层中的分子有向液体内部拉进的趋势。比如荷叶上的水珠、玻璃板上的水银珠等。

液体和固体接触时，液体与固体分子间存在引力（称为附着力），导致液体沿固体表面扩散开来。比如水滴在无油脂的玻璃板上，会沿玻璃面慢慢散开。

实验1：将内径小于1mm的玻璃管（称为毛细管）插入盛有水的容器中，由于水是润湿玻璃管壁的，因此会沿玻璃管内壁自动上升，使玻璃管中液面高出容器里的液面，并形成凹液面，如图 4-2 所示。这种能使水在毛细管中自动上升的力，称为毛细作用力。

实验 2：将内径小于 1mm 的玻璃管（称为毛细管）插入盛有水银的容器中，由于水银不润湿管壁，则水银在毛细管中会下降，并形成凸液面，如图 4-3 所示。

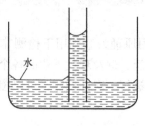

图 4-2　润湿现象

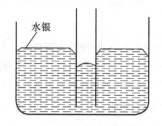

图 4-3　不润湿现象

润湿管壁的液体在毛细管中呈凹面上升和不润湿管壁的液体在毛细管中呈凸面下降的现象称为毛细现象。

渗透剂的渗透能力是用毛细管中的上升高度来衡量的，上升高度越高，表明其渗透能力越强。

基于上述现象的原理，我们就不难理解渗透检测的基本原理。由于零件表面的开口缺陷都是很细微的，因此可以将其看作毛细管（或毛细缝隙），而表面涂覆的渗透剂即可以看作盛装在容器当中的液体，由于渗透剂是润湿零件的，所以在毛细作用下渗透剂自动地渗进表面缺陷中。施加的显像剂颗粒会覆盖在工件表面，由于显像粉末非常细微，其颗粒度为微米级，微粒之间的间隙类似于毛细管，而细微缺陷中的渗透剂可以看作盛装在容器当中的液体，由于渗透剂是润湿显像粉末的，所以在毛细作用下缺陷中的渗透剂会沿着这些间隙上升，回渗到工件表面，形成一个放大的缺陷显示。

2. 乳化作用

当我们将油和水一起倒进烧杯中，静置后会出现分层现象，上层是油，下层是水，形成明显的分界面。如果加以搅拌，虽能暂时混合，但稍静置后，又分成明显的两层。如果往烧杯中加进肥皂或洗涤剂，再经搅拌混合，油将变成微小粒子分散于水中，呈乳状液。这种乳状液即使静置后也不出现分层，这就是表面活性剂乳化作用的结果。

（1）表面活性剂　不同的物质溶于水中，会使其表面张力发生变化。如图 4-4 所示，曲线 1 显示：某种物质溶于水中，在溶液浓度较低时表面张力急剧下降，然后下降减缓；曲线 2 显示：某种物质溶于水中，表面张力随着溶液浓度的增加而急剧增加。

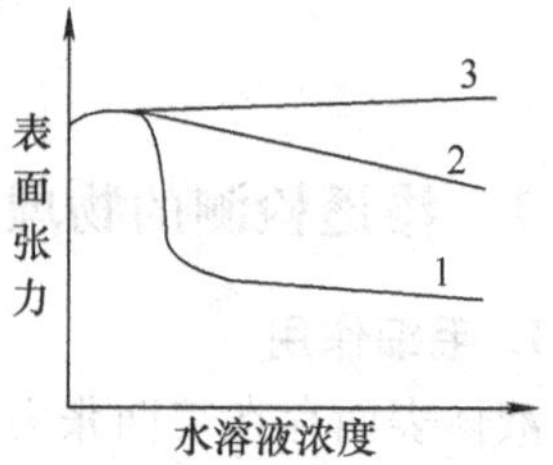

图 4-4　表面张力与浓度关系曲线

使溶剂表面张力降低的性质称为表面活性。由图 4-4 可知曲线 1 和曲线 2 均具有表面活性，但曲线 1 显示加入少量溶质能明显降低溶剂的表面张力，改变溶剂的表面状态，则符合此特性的溶质称为表面活性剂，比如肥皂或洗涤剂。

　　表面活性剂分离子型和非离子型两大类。由于非离子型表面活性剂溶于水时不电离，稳定性高，且在固体表面不易发生强烈吸附，同时溶解性好，所以渗透检测通常采用的是非离子型表面活性剂。

　　表面活性剂是否溶于水，用亲水性指标来衡量，而亲水性用亲水疏水平衡值 H. L. B（Hydrophile-Lipophile Balance，也称为亲水亲油平衡值）来表示。

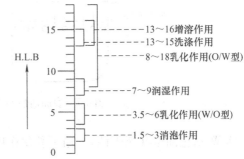

　　表面活性剂的 H. L. B 值和其作用的对应关系如图 4-5 所示。可知，表面活性剂具有润湿、去污、乳化、增溶、消泡等作用。

图 4-5　表面活性剂 H. L. B 值和其作用的对应关系

　　壬烷基酚和环氧乙烷的各种加成物的 H. L. B 值见表 4-1，从其在油及水中的溶解变化规律可知 H. L. B 值与表面活性剂的亲水或亲油性关系为：H. L. B 值越高，亲水性越好；H. L. B 值越低，亲油性越好。

表 4-1　壬基酚和环氧烷加成物的 H. L. B 值

环氧乙烷数	H. L. B	溶解度	
		矿物油	水
1	3. 3	极易溶解	不溶
4	8. 9	易溶解	稍微分散
5	10	可溶	白色乳浊分散
7	11. 7	稍难溶	分散乃至溶解
9	12. 9	难溶乃至不溶	易溶解

　　（2）乳化作用　为什么在油、水中加入肥皂或洗涤剂（表面活性剂）就不分层了呢？这要从表面活性剂的分子结构来分析。表面活性剂的分子模型类似火柴，如图 4-6 所示，它具有亲水基（亲水、憎油）和亲油基（亲油、憎水）两部分（或称两个基团），这两个基团不仅具有防止油、水互相排斥的功能，而且还具有把油、水连接起来不使其分离的特殊功能，所以表面活性剂就是融合剂。

图 4-6　表面活性剂的分子模型

　　表面活性剂的乳化作用示意图如图 4-7 所示，当往烧杯中加进肥皂或洗涤剂（表面活性剂）后，肥皂或洗涤剂（表面活性剂）吸附在油、水的界面上，以其两个基团把细微的油粒子和水粒子连接起来，使油以微小的粒子状态稳定地分散在水中。

　　由于表面活性剂的作用，使本来不能混合到一起的两种液体能够混合在一起的现象称为乳化现象。具有乳化作用的表面活性剂称为乳化剂。

　　根据表面活性剂的 H. L. B 值和其作用的对应关系图（图 4-5）可知乳化作用分为两种类型。

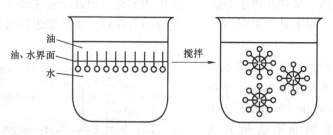

图 4-7　表面活性剂乳化作用示意图

1) O/W 水包油型（亲水性），通过乳化作用将油分散在水中形成乳状液，H. L. B 值在 8～18。

2) W/O 油包水型（亲油性），通过乳化作用将水分散在油中，H. L. B 值在 3.5～6。

3. 紫外线和荧光

着色渗透检测时，经显像后，人眼可在白光下观察到白色背景上暗红色的显示缺陷。荧光渗透检测时，经显像后，缺陷显示在白光下是看不见的，只有在紫外线照射下缺陷显示才发出明亮的荧光。

（1）紫外线　紫外线是一种不可见光，基于此我们将其称为黑光，那么对应荧光检测所使用到的紫外线灯称为黑光灯。荧光检测用的紫外线波长分布范围为 330～390nm，并且其中心波长约为 365nm（波长范围内能量最大）。

330～390nm 波长范围内的紫外线对人眼几乎是无害的，而短波紫外线（波长短于 300nm 的紫外线）能杀死细菌、晒伤皮肤、电离空气产生臭氧、严重损伤人的眼睛；波长大于 390nm 的可见光会在工件上产生不良的衬底，使荧光显示不明显。

（2）荧光　许多原来在白光下不发光的物质在紫外线照射下能够发光，这种被紫外线激发发光的现象，称为光致发光。

光致发光的物质常分为两类，一种是磷光物质，另一种是荧光物质。光致发光的物质，在外界光源移去后，仍能持续发光的，称为磷光物质；在外界光源移去后，立即停止发光的，称为荧光物质。

荧光渗透剂中含有荧光物质，当黑光照射到荧光渗透剂时，荧光物质便会吸收紫外线的能量，在能级跃迁的过程中向外发出光子，光子的波长在 510～550nm 范围内，为人眼敏感的黄绿色荧光。

4.1.2　渗透检测材料

渗透检测材料主要包括清洗剂、渗透剂、去除剂和显像剂。

1. 渗透剂

渗透剂是含有染料的具有很强渗透能力的溶液。渗透剂是渗透检测中最关键的材料，其质量直接影响渗透检测的灵敏度。

根据渗透剂所含的染料种类可将其分为着色渗透剂和荧光渗透剂两大类，如图 4-8 所示，着色渗透剂检测灵敏度低于荧光渗透剂。

渗透检测常用的渗透剂包括水洗型荧光渗透剂、后乳化型荧光渗透剂和溶剂去除型着色渗透剂三种。

（1）水洗型荧光渗透剂 含有一定量的乳化剂，表面多余渗透剂可直接用水清洗掉，故也称为"自乳化型"渗透剂。

（2）后乳化型荧光渗透剂 不含乳化剂，表面多余渗透剂不能直接用水清洗掉，需要增加乳化工序。

（3）溶剂去除型着色渗透剂 应用最广，且采用压力喷罐。其不含乳化剂，表面多余渗透剂的清除采用有机溶剂擦洗的方法。

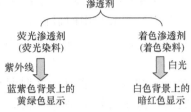

图 4-8 渗透剂的分类

渗透剂一般分为四个等级：1级——低；2级——中；3级——高；4级——超高。渗透剂 pH 值呈中性，无腐蚀性。

2. 去除剂

去除剂是用来去除被检工件表面多余渗透剂的溶剂。水洗型渗透剂，可直接用水去除，水本身就是一种去除剂；溶剂去除型渗透剂采用有机溶剂去除，通常采用的去除剂有煤油、酒精、丙酮、三氯乙烯等；后乳化型渗透剂在乳化后可用水去除，它的去除剂是乳化剂和水。

（1）乳化剂的作用 乳化剂用于乳化不溶于水的渗透剂，使其便于用水清洗。

（2）乳化剂的组成 乳化剂由表面活性剂和添加剂组成，主体是表面活性剂，起乳化作用，而添加剂的作用是调节粘度、调整与渗透剂的配比、降低材料费用等。

乳化剂浓度越大，乳化能力就越强，乳化速度快，因而乳化时间难于控制；浓度越小，乳化能力越弱，乳化速度慢，乳化时间长，乳化剂有足够时间渗入缺陷，使缺陷中的渗透剂变得容易用水洗掉，从而达不到后乳化渗透检测应用的高灵敏度。乳化剂含量太低，受水和渗透剂污染变质的速度快，需更换乳化剂的频次高，易造成浪费。因此，需要根据被检零件的大小、数量、表面粗糙度等情况，通过试验来选择最佳的浓度。

（3）乳化剂分类 根据乳化形式可将乳化剂分为亲水性乳化剂和亲油性乳化剂两种类型。

1）亲水性乳化剂，H. L. B 值 8～18，乳化形式是水包油型，能将油分散在水中。亲水性乳化剂通常以浓缩状态供应，使用时需用水稀释。

2）亲油性乳化剂，H. L. B 值 3.5～6，乳化形式是油包水型，能将水分散在油中。亲油性乳化剂通常按供应状态使用，不需加水稀释。通常分为快作用型和慢作用型，作用的快慢与乳化剂的化学成分和粘度有关。

乳化剂 pH 值呈现弱碱性，颜色是粉红色。

3. 显像剂

显像剂是渗透检测中另一个关键材料，其 pH 值呈现弱碱性。

（1）显像剂的作用

1）通过毛细作用将缺陷中的渗透剂回渗到工件表面，形成缺陷显示。

2）放大缺陷显示。

3）提供与缺陷显示有较大反差的背景，达到提高检验灵敏度的目的。

（2）显像剂的种类　显像剂有干式和湿式两大类，即干粉显像剂和湿显像剂。干粉显像剂的分辨率较高，湿显像剂的灵敏度较高。

渗透检测最常用的显像剂是干粉显像剂和溶剂悬浮型湿显像剂两种。干粉显像剂是荧光渗透检测中最常用的显像剂，是一种白色显像粉末，如氧化镁、氧化锌、氧化钛的粉末等，要求是轻质的、松散的、干燥的，易吸附在干燥零件表面上，形成薄而均匀的显像剂薄膜。溶剂悬浮型湿显像剂是将显像剂粉末加在挥发性的有机溶剂中配制而成的，由于有机溶剂挥发快，故又称为速干型显像剂，通常是装在喷罐中与着色渗透剂配合使用。

4.1.3　渗透检测材料系统的选择原则

完成一个特定的渗透检测过程所必需的完整的一系列材料包括渗透剂、乳化剂、去除剂、显像剂等，其选用应遵循"同一族组、相互兼容"的原则，推荐采用同一厂家提供的同一型号的产品，否则会由于组成不同而出现化学反应或灵敏度下降现象，比如着色染料会减小或猝灭荧光染料的发光亮度。

1）灵敏度应满足检测要求。不同的渗透检测材料组合成的系统，其灵敏度不同，一般后乳化型灵敏度比水洗型高，荧光渗透剂灵敏度比着色渗透剂高。应当指出：不能片面追求高灵敏度检测，比如当铸件表面粗糙度太大时，若采用高灵敏度渗透检测材料系统，会由于表面多余渗透剂的清洗困难造成荧光背景过深，虚假显示增多，达不到检测的目的；且灵敏度高的检验方法，往往检验费用也较高，从经济上考虑也不适宜。

2）根据被检工件状态进行选择。对表面粗糙度值较小的工件，如锻件、变形件等，可选用后乳化型渗透检测系统；对表面较粗糙的工件，如铸件等，可选用水洗型渗透检测系统；对大工件的局部检测，可选用溶剂去除型着色渗透检测系统。一般较粗糙表面采用干粉显示剂，光洁表面采用湿显示剂。

3）在满足检测要求的灵敏度条件下，应尽量选择价格低、毒性小、易清洗的，对检测人员、工件、环境不会造成损害的渗透检测材料组合系统。水基型的环保，油基型的灵敏度较高。

4）渗透检测材料组合系统对被检工件应无腐蚀。铝、镁合金工件不宜选用碱性渗透检测材料，否则会产生腐蚀。比如乳化剂是显示弱碱性的，受到水的污染会与水结合形成弱碱性溶液，如果长期保留在零件上，会产生腐蚀麻点。

奥氏体不锈钢、钛合金不宜选用含氟、氯等卤族元素的渗透检测材料，因为卤族元素容易与钛合金起作用，在应力存在情况下会使钛合金材料和奥氏体不锈钢产生应力腐蚀裂纹。

渗透剂中若存在硫、钠元素，高温时会对镍基合金工件产生热腐蚀（称为热脆），使工件遭到严重破坏。

5）化学稳定性好，光和热耐受性强，不宜分解和变质。

6）使用安全，不易着火。比如航天用的燃料系统是液氧，盛装液氧的装置进行渗透检测只能选用水基型渗透剂，而油溶性渗透剂会与液氧起反应，容易引起爆炸。

4.2 渗透检测方法

渗透检测的典型检测方法主要有三种：水洗型荧光渗透检测、后乳化型荧光渗透检测和溶剂去除型着色渗透检测；后乳化型灵敏度最高，水洗型第二，去除型着色灵敏度最低。

4.2.1 水洗型荧光渗透检测

水洗型荧光渗透检测工艺如图4-9所示，其特点如下。

1）适用于表面粗糙、形状复杂工件的检测。

2）由于它突出的是"易于从工件表面清除"的性能，清洗不当，会对浅而宽的开口缺陷造成漏检，因此对操作人员要求较高。

3）抗水污染能力弱，一旦受到水污染，乳化剂将与渗透液相互混合，导致液体密度升高，渗透能力降低。

4.2.2 后乳化型荧光渗透检测

后乳化型荧光渗透检测工艺如图4-10所示，与水洗型相比增加了粗洗和乳化时间，增加粗洗的目的是尽量多地洗去工件表面多余的渗透剂，减小渗透剂对乳化剂的污染，延长乳化剂的使用寿命。其特点如下。

1）对零件表面粗糙度要求较高，适用于表面粗糙度较小和浅而宽的缺陷的检测。

2）操作周期长，检验费用高。

3）由于突出的是"能保留在浅而宽的缺陷中"的性能，因此它保留在缺陷中不被洗去的能力强。

4）必须严格控制乳化时间，才能保证检验灵敏度。

5）乳化要均匀，必须采用浸没的方法，保证工件各部位乳化程度相同。

6）水对渗透剂污染影响小，因为后乳化型荧光渗透剂不含乳化剂，水不能与渗透剂混合，由于水的密度大，水将沉在渗透剂下方。

4.2.3 溶剂去除型着色渗透检测

溶剂去除型着色渗透检测工艺如图4-11所示，其特点如下：

1）适用于现场检和大工件局部检，无水、无电状态下使用。

2）设备材料简单，操作方便。

3）很难在表面粗糙情况下使用，因为表面粗糙会

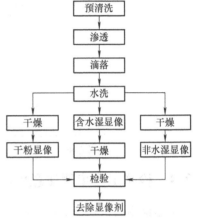

图4-9 水洗型荧光渗透检测工艺

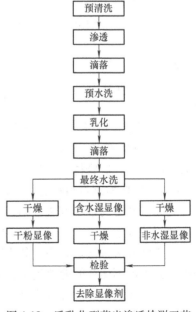

图4-10 后乳化型荧光渗透检测工艺

导致显像不均匀。

4）采用擦拭技术。由于其清洗用的溶剂溶解性能好，易造成过清洗，导致检验灵敏度降低，所以擦除表面多余渗透剂要细心，切忌用喷罐直接喷洗。

去除方法与从缺陷中去除掉渗透剂的可能性的关系示意图如图 4-12 所示，从图中可以看出：用不沾溶剂的干净布擦除时，缺陷中的渗透剂保留最好，用溶剂清洗法最差。

图 4-11　溶剂去除型着色渗透检测工艺

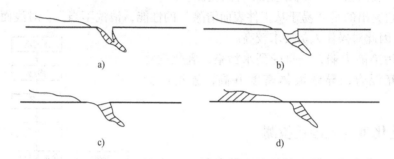

图 4-12　去除方法与从缺陷中去除掉渗透剂的可能性的关系示意图
a）溶剂清洗　b）水洗渗透剂的清洗　c）后乳化渗透剂的去除　d）干净干布擦除

4.2.4　检测工艺步骤注意事项

渗透检测的六个基本步骤是：预清洗、渗透、去除、干燥、显像和检验。

1. 预清洗

预清洗是渗透检测的第 1 道工序，为检测作有效的表面准备，目的是将缺陷的堵塞去除干净，使其敞露出来。

污染物对渗透检测存在下列影响：

1）表面如果有污染物，首先就会堵塞表面的不连续。

2）会导致渗透材料显示性的降低（包括亮度、颜色）。

3）如表面有污染物，检测材料会在那里结合，本应浸入却浸入不进去，影响缺陷显示。

4）零件上如果有油污斑点或手印，会造成虚假显示，给缺陷的评判增加麻烦。

5）渗透检测常用浸没的方法，即将零件放入浸没槽。如果零件表面有酸碱污染物就会污染检测材料，造成材料快速报废，检测成本增加。

6）会造成检测材料渗透能力的降低，使用寿命缩短。

去除污染物的常用方法：第 1 种是机械方法，见表 4-2。其中，干吹砂和超声波清洗是经常使用的方法。

第 2 种方法是化学方法，分为碱洗和酸洗两种，见表 4-3。在进行机械加工时，零件的切削屑会掉进不连续的缝隙当中，我们通过采用酸或碱清洗的方法形成一定的去除量，使缺陷完全暴露在表面。两种方法是有选择的，碱洗主要用于轻合金，比如铝合金、镁合金等，酸洗用于钛合金等。

表4-2   机械方法及适用范围

去除方法		适用范围
机械方法	振动光饰	去除轻微的氧化皮、毛刺、锈、铸件型砂或磨料等 不适用于铝、镁、钛等较软的金属材料
	抛光	去除工件表面积碳、毛刺等
	干吹砂	去除氧化皮、熔渣、铸件的型砂、模料、喷涂层和积碳等
	湿吹砂	多用于沉积物比较轻微的情况
	钢丝刷	去除氧化皮、熔渣、铁屑、铁锈等
	超声波清洗	利用超声波的机械振动，去除工件表面的油污，常与洗涤剂或溶剂结合使用，适用于小批量工件的清洗

表4-3   化学方法及适用范围

去除方法		适用范围
化学方法	碱洗	去除锈、油污、抛光剂、积碳，多用于铝合金
	酸洗	强酸溶液用于去除严重的氧化皮 中等酸度的溶液用于去除轻微氧化皮 弱酸溶液用于去除工件表面微薄层金属

化学方法可能会对工件产生有害影响，即使再后处理还是要浸入，特别是高强度钢工件在酸洗时容易因吸进氢气而产生氢脆现象，导致工件使用时产生脆裂。

第3种是溶剂去除法，见表4-4。其中，溶剂蒸气除油是最常用的方法，去除非常干净，而且效果最好；另一个是溶剂液体清洗，比如进行在役检查的时候，我们不可能去腐蚀零件，由于配重等问题也不可能拆下来，这时需用手工擦拭。

表4-4   溶剂去除方法及适用范围

去除方法		适用范围
溶剂去除	溶剂蒸气除油	去除工件表面油污 通常用三氯乙烯蒸气除油
	溶剂液体清洗	去除油污通常用酒精、丙酮或汽油、三氯乙烷等溶剂清洗或擦洗 常用于大工件局部区域的擦洗

2. 渗透

第2个工序是渗透，操作要点是"渗透时间内有效润湿工件"。渗透时间包括浸涂时间和滴落时间，有的标准当中规定最低10min，其中滴落时间超过1/2。

渗透方式当中，浸涂应用最多，其次是喷涂和刷涂。喷涂主要针对大型结构件的渗透检验，比如长10m、宽20m的大型工件。如采用浸涂方法，需要庞大的渗透剂槽且需要较大的工作场地和大量的渗透剂等，这是不易实现的；在役工件的检查，由于受到周边操作条件的影响，不应检查的地方也会弄脏，很难清理，故采用小刷子刷涂，在渗透时间内不停地补充渗透剂，以保持润湿状态。

1）渗透前要进行零件的保护，将不需要渗透的地方用橡皮塞塞住或用胶纸粘住，防止渗透剂渗入而造成清洗困难。

2）注意温度和时间，严格遵循标准规范。如果温度过低，检测材料将成为黏稠状，若缺陷开口度很小，就很难浸湿，所以对温度要有限定。但时间不是越长越好，因为所有材料在微观状态下都不是密实的，是有缝隙的，时间如果过长，会造成背景变差，一定要适可而止。

3）必要的翻转。实际零件是有凹坑和不通孔的，要保证这些部位浸湿到位，就需要翻转；另外聚集在不通孔里中的材料若不希望浪费，可以通过翻转可以将其倒出；另采用浸湿方法的时候，在零件筐中同时摆放一二百件零件，零件与零件叠压，结合紧密处根本接触不到渗透剂，所以需要必要的翻转。

3. 去除

第三个步骤是去除表面多余的渗透剂，注意要点是防止过洗和欠洗，要做到既去除工件表面多余的渗透剂，又保留缺陷内部的渗透剂，同时保证合格背景下的最高检测灵敏度。

水洗时做到几个有效的控制：

1）合适的黑、白光（监控水洗）。

2）水珠应较粗大。

3）要不断翻动，保证各部位均匀清洗。

4）要对水温、水压、距离及角度作有效限定，要严格按照规定进行。

4. 干燥

第四个步骤是干燥。要防止过分干燥，过分干燥将导致渗透材料的干结。

干燥方法包括干净布擦干、压缩空气吹干、热风吹干、热空气循环烘干装置烘干等方法。最好是多种干燥方法结合使用，如零件清洗完以后，我们首先用压缩空气将凹坑、不通孔等处的水珠吹干，保证所有零件处于相同的干燥状态，然后再放入热空气循环烘干装置中进行进一步烘干。

1）要控制干燥温度。

2）干燥时间越短越好。

3）要注意翻转零件，若凹坑无过多积水，待凹坑积水干燥后，其余部位会过度干燥。

4）检测员手部要干净、清洁。

5）在工序当中会出现零件筐，零件筐分为两类，以清洗步骤为界，清洗步骤前面的零件筐只能在清洗前使用，清洗步骤后的零件筐只能在清洗后用。

5. 显像

在这里应注意两点：一是在工件表面形成均匀的覆盖薄层，不能太厚，否则会遮盖细微的缺陷，二是显像时间规定有最短时间和最长时间，需严格遵循标准规范。

6. 检验

第六步是检验，着色检测应在白光下进行，荧光检测应在暗室紫外灯下进行观察，要注意黑、白光强度，包括检测灯紫外线的黑光强度，解释评判用的白光灯强度，暗场环境白光强度，以获得最大对比度和评判环境。

检验步骤如下：

1）进入暗室先进行暗场适应。由于紫外线灯先是蒸汽点燃，15min 以后才稳定下来，加之人眼从亮到暗是需要一定适应过程的，所以两方面决定了需要有暗场适应。对于暗场适应时间，不同标准有不同的要求。

2）发现显示，评判显示类型是真实的、固有的，还是虚假的。真实的是我们要拒绝的；固有的，比如两板用铆钉铆接在一起，是有缝隙的，其检测状态总能发现小的圆形显示，是结构自然带有的，不是缺陷，所以我们不用再考虑这个问题；虚假的，比如流痕、手印等，还有就是零件上的毛刺等，在这里我们要采用溶剂擦拭的方法。

3）缺陷的解释，即对缺陷定性，是裂纹、冷隔、夹杂、折叠等，用一个术语加以描述称为解释。

4）解释完成后，根据相关标准进行评定，如检测部分疏松面积很小没有超过标准中规定，距离也在可以接受范围内，那就不是缺陷，视为正常。之后，根据这个结论填写检测报告。

4.2.5 典型检测工艺范例

范例1：自乳化检验程序（根据 HB/Z 61—1998 编制）。

①除油：水基清洗剂（浓度 6% ~ 10%）除油。

②渗透：给零件施加渗透剂，零件、渗透剂和环境温度应为 15 ~ 38℃；接触时间为 30min（包括浸涂 15min、滴落 15min）。

③清洗：水温为 10 ~ 35℃，水压≤170kPa，自动水洗时间为 2min，必要时增加手工喷洗，在紫外灯下冲洗，喷枪的喷嘴与零件之间的距离至少为 300mm，水压≤170kPa，气压≤170kPa，槽内多余的水分用负压枪吸干或吹干，气压≤170kPa。

④干燥：烘箱温度最高为 70℃，干燥时间最长为 20min。

⑤显像：施加显像粉 DVBL-CHEKD-90G，显像时间最少 10min，最长 4h。

⑥检验：在显像 4h 内，在暗室紫外灯下进行检验，在零件表面上紫外灯辐照度≥ 1200W/m² ，环境白光≤20lx。

⑦后清洗：用水清洗并烘干。

范例2：后乳化检验程序（根据 HB/Z 61—1998 编制）。

①除油：水基清洗剂（浓度 6% ~ 10%）除油。

②渗透：给零件施加渗透剂，零件、渗透剂和环境温度应为 15 ~ 38℃；接触时间 30min（包括浸涂 15min、滴落 15min）。

③预水洗：水温为 10 ~ 35℃，水压≤170kPa，自动水洗时间为 2min。

④乳化（亲水）：浸泡乳化剂 DVBL-CHEKER-83A，浓度 3% ~ 5%，停留时间≤2min。在乳化过程中上下移动零件以便使零件表面的渗透剂充分乳化。

⑤最终清洗（空气/水）水温为 10 ~ 35℃，水压≤170kPa，在紫外灯下的观察窗内观察清洗效果，必要时增加手工喷洗环节，喷枪的喷嘴与零件之间的距离至少为 300mm，水压≤170kPa，气压≤170kPa，槽内多余的水分用负压枪吸干或吹干，气压≤170kPa。

⑥干燥：烘箱温度最高为 70℃，干燥时间最长为 20min。

⑦显像：施加显像粉 DVBL-CHEKD-90G；显像时间最少 10min，最长 4h。

⑧检验：在显像 4h 内，在暗室紫外灯下进行检验，在零件表面上紫外灯辐照度≥ 1200W/m² ，环境白光≤20lx。

⑨后清洗：用水清洗并烘干。

4.3 渗透检测装置

渗透检验装置在形式上分为：固定式装置、整体式装置、便携式喷罐装置、静电喷涂装置、自动化或半自动化渗透检验装置等。

4.3.1 便携式喷灌装置

在没有固定式设备的条件下或对大型零件进行局部检验时，一般采用便携式压力喷罐装置。压力喷罐内装有喷涂材料，包括：渗透剂、清洗剂、显像剂等，通过按压喷嘴，喷涂材料呈雾状喷射出来。

使用注意事项：

1）喷嘴与工件表面需保持一定距离。

2）喷罐内压力随温度升高而增大，切忌接近火源。

4.3.2 固定式装置

固定式装置由一系列分离装置组成。分离装置具体包括：预清洗装置、渗透装置、乳化装置、水洗装置、烘干装置、显像装置和检验装置等，如图4-13所示。

1. 渗透装置

渗透装置主要包括渗透剂槽、滴落架、零件筐、毛刷、喷枪等。滴落架与渗透剂槽做成一体，如图4-14所示。滴落的目的是防止不必要的背景干扰，避免降低检测材料的使用寿命。乳化装置与渗透装置结构相似。

图4-13　固定式装置

图4-14　滴落架

2. 水洗装置

常用的水洗装置有搅拌水槽、喷洗槽、喷枪等。要求射出的水珠要大，要超过检测缺陷的缝隙，喷射水流的形状呈伞状。

3. 显像装置

干粉显像广泛应用于荧光渗透检测，一般用喷粉柜实施喷涂显像。喷粉柜结构如图4-15

所示，加热器使柜中粉末保持干燥松散，压缩空气通入带有小孔的压缩空气管，将显像粉吹扬起来呈现粉雾状，充满密封柜内部的全部空间。

4. 检验装置

黑光灯是荧光检测必备的照明装置，它是由高压水银蒸气弧光灯、黑光滤光片和镇流器组成。黑光灯装置的组成示意图如图4-16所示。

黑光灯使用注意事项：

1）黑光灯使用时间不能太长，会导致眼睛疲劳。

2）黑光不能直射眼睛，否则会产生荧光效应，损害视力。

3）尽量减少不必要的开关次数。

4）电源电压的波动对黑光灯的使用寿命有很大的影响。

5）黑光灯上集积的灰尘将严重降低黑光灯的输出功率。

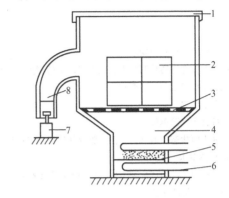

图4-15 喷粉柜结构示意图

1—密封盖 2—零件筐 3—格栅 4—压缩空气
5—显像粉 6—加热器 7—可逆电动机 8—过滤网

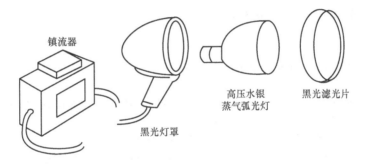

图4-16 黑光灯装置组成示意图

4.4 渗透检测应用实例

4.4.1 渗透检测作业指导书

渗透检测作业指导书示例见表4-5。

表4-5 渗透检测作业指导书示例

渗透检测作业指导书

一、前言

1. 适用范围

本规程适用于锻钢件的液体渗透检验。

2. 检验标准

JB/T 8466—1996。

（续）

二、检验人员资质要求

从事锻钢件渗透检测的人员应取得渗透检测人员Ⅱ级资格证书。

三、工作参数与检测要求

1. 工作参数

工件材质：锻钢件。

工件表面状态：清洁，无油、脂等任何影响渗透显示正确评定的物质。

2. 检测要求

对于检测工件的数量和工件的检测部位作100%检测，无抽检。

四、渗透检测系统

1. 渗透方法和渗透剂种类

渗透方法：着色液体渗透检测（B法）。

渗透剂种类：溶剂去除型渗透剂（类型3）DP-40。

2. 显像剂种类

非水基型湿态显像剂DPT-5。

3. 灵敏度试块

B型试块——3点试块。

4. 观察条件

自然光或人造白光目视进行，光照度≥350lx。

五、检测顺序

1. 检测准备

利用超声波清洗方法去除锻钢工件上的所有污染；清洗完毕后，应彻底干燥。

2. 检测工艺

1）渗透：采用喷涂方法施加渗透剂。渗透剂和工件表面的温度为15～50℃；接触时间≥10min。

2）去除：先用干纸擦，再用蘸有溶剂的布擦，最后用干布擦。清洗剂：DR-62。

3）干燥：自然干燥。整个过程温度：15～50℃。干燥时间≥2min。

4）显像：用喷涂法将非水基型湿态显像剂喷在工件上，覆盖层薄而均匀。显像时间≥7min。

5）检验：在自然光下进行检验，对显示缺陷进行标识和测量。

3. 结果评定

根据验收标准对显示进行判断，将评定框放置于显示最严重的位置上，若被评定的显示小于或等于规定的质量等级，评定为检测合格。

4. 报告编制

1）工件编号、数量、材料、送检日期和单位。

2）检验标准和验收标准。

3）检测结果和结论。

4）检测人员、审核人员和批准人签字或盖章。

5）签发报告日期

六、检测后处理

检验完毕，用水清洗并干燥。

编制：×××Ⅱ级   审核：×××Ⅱ级   批准：×××Ⅲ级

日期：×××   日期：×××   日期：×××

4.4.2 检测报告

渗透检测报告示例见表4-6、4-7、4-8。

表4-6 渗透检测报告示例1

工业门类	锻件	工件编号		21	工件规格尺寸		/
表面状态	良好	对比试块		B型试块	检测方法		B-3
渗透剂牌号	DP-51	渗透剂类型		溶剂去除型着色	显像方式		非水基型湿态显像
操作条件	渗透温度	25℃	渗透时间	15min	乳化时间	/	水压	/
	干燥温度	≤70℃	干燥时间	2min	显像时间	7min	水温	/
操作方法	清洗方法	溶剂清洗	渗透剂施加方法	喷涂	乳化施加方法	/	清洗方法	/
	干燥方法	自然晾干	显像剂施加方法	喷涂	后处理	水洗		
检测标准		JB/T 8466—1996			验收等级		不允许缺陷	

检测示意图：(画出缺陷所在部位)

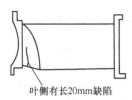

叶侧有长20mm缺陷

检测结果	工件编号	缺陷痕迹显示				评定等级	备注
		编号	线、圆状长度	锻件累计长度 (100mm×100mm)	焊缝、高压紧固件累计长度 (35mm×100mm)		
	21		2cm	/	/	不合格	

表4-7 渗透检测报告示例2

工业门类	锻件	工件编号		110	工件规格尺寸		/
表面状态	良好	对比试块		B型试块	检测方法		A-1
渗透剂牌号	HM-406	渗透剂类型		水洗型荧光	显像方式		干粉显像
操作条件	渗透温度	25℃	渗透时间	15min	乳化时间	/	水压	≤345kPa
	干燥温度	≤70℃	干燥时间	2min	显像时间	7min	水温	25℃
操作方法	清洗方法	水洗	渗透剂施加方法	浸涂	乳化剂施加方法	/	清洗方法	水洗
	干燥方法	电吹风	显像剂施加方法	喷涂	后处理	溶剂清洗		
检测标准		JB/T 8466—1996			验收等级		不允许缺陷	

检测示意图：(画出缺陷所在部位)

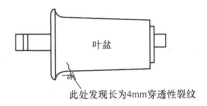

此处发现长为4mm穿透性裂纹

（续）

检测结果	工件编号	缺陷痕迹显示				评定等级	备注
		编号	线、圆状长度	锻件累计长度（100mm×100mm）	焊缝、高压紧固件累计长度（35mm×100mm）		
	110		4mm	/	/	不合格	

表 4-8　渗透检测报告示例 3

工业门类	锻件	工件编号	PT-2011-117	工件规格尺寸	/
表面状态	良好	对比试块	组合试块	检测方法	A-2
渗透剂牌号	RC-65	渗透剂类型	后乳化型荧光	显像方式	干粉显像

操作条件	渗透温度	25℃	渗透时间	15min	乳化时间	2min	水压	≤345kPa
	干燥温度	≤70℃	干燥时间	2min	显像时间	7min	水温	25℃

操作方法	清洗方法	溶剂清洗	渗透剂施加方法	浸涂	乳化剂施加方法	浸涂	清洗方法	水洗
	干燥方法	电吹风	显像剂施加方法	喷涂	后处理	溶剂清洗		

检测标准	JB/T 8466—1996	验收等级	不允许缺陷

检测示意图:(画出缺陷所在部位)

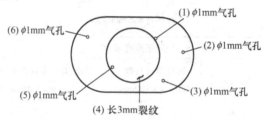

检测结果	工件编号	缺陷痕迹显示				评定等级	备注
		编号	线、圆状长度	锻件累计长度（100mm×100mm）	焊缝、高压紧固件累计长度（35mm×100mm）		
	PT-2011-117	(1)	Φ1mm	/	/	不合格	
	PT-2011-117	(2)	Φ1mm	/	/	不合格	
	PT-2011-117	(3)	Φ1mm	/	/	不合格	
	PT-2011-117	(4)	3mm	/	/	不合格	
	PT-2011-117	(5)	Φ1mm	/	/	不合格	
	PT-2011-117	(6)	Φ1mm	/	/	不合格	

复习思考题

1. 什么是毛细现象？乳化的作用是什么？
2. 荧光检测用的紫外线波长分布范围是多少？
3. 渗透检测材料主要包括什么？渗透检测材料系统的选择原则是什么？
4. 便携式、固定式装置的组成有哪几部分？
5. 典型检测工艺的基本流程是什么？污染物的清除方法有哪些？检验的基本步骤分为哪几步？

射线检测（RadiographicTesting，简称 RT）是一种重要的无损检测手段，主要应用于铸件及焊接件的内部缺陷检测。其依据被检零件成分、密度、厚度等的不同，对射线吸收或散射不同的特性为检测原理，能直观地显示缺陷影像，便于对缺陷进行定性、定量和定位。

工业应用的射线检测技术包括 X 射线检测、伽玛射线检测和中子射线检测三种。其中，应用最广泛的是 X 射线检测。

5.1　射线检测的基本原理

射线检测的基本原理如图 5-1 所示。射线在穿透物质过程中与物质发生相互作用，其强度发生变化，产生能量的衰减，其衰减程度与射线的能量、被穿透物质的质量、厚度及密度等有关。当物质内部存在缺陷时，射线在缺陷处的衰减与完好部位的衰减有所不同，两处透过的射线强度也不同。采用感光材料（胶片）检测出这种强度的变化，经过暗室处理得到透照影像，根据影像的形状和黑度情况来评定有无缺陷及缺陷的形状、大小和位置，从而达到无损检测的目的。

5.1.1　原子结构

原子由原子核和核外电子组成，原子核又是由质子和中子组成，对外呈电中性。如图 5-2 所示，原子具有行星结构，原子核在中心，电子围绕原子核运动。处于稳定状态的原子是不向外辐射能量的，但当原子从一种定态跃迁到另一种定态时，将辐射或吸收一个光子，光子的能量即为两个定态的能量差。

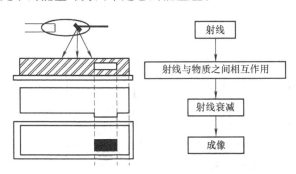

图 5-1　射线检测原理

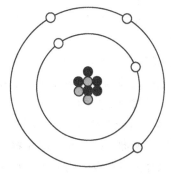

图 5-2　原子结构的行星模型

5.1.2　X 射线

X 射线是高速运动的电子被阻止时产生的电磁辐射，是波长很短的电磁波。由于它可以使物质电离，所以属于电离辐射。

1. 能量

X 射线是一种光波，它具有波粒二重性，既具有波动的特性，又具有粒子的特性，所以又称为光子。

一个光子有一份能量，光子的能量可表示为

$$\varepsilon = h\nu \tag{5-1}$$

式中　h——普朗克常数，其值为 $6.626 \times 10^{-34} \text{J} \cdot \text{s}$；

　　　ν——辐射频率，单位为 Hz。

2. 强度

射线强度是指单位时间内通过垂直于射线传播方向上单位面积的全部射线光子能量的总和。

射线强度与射线能量是两个完全不同的概念，能量只是指单个光子的能量，它与光波的频率 ν 有关，频率越高，光子能量越高。而强度是指单位时间内通过垂直于射线传播方向上单位面积的全部光子能量总和，它不仅与光子能量有关，而且与通过单位面积的光子数量有关。

当光子数量相同时，光子能量高，射线的强度越大；当光子能量相同时，光子的数量越多，射线的强度越大。

3. X 射线的产生

X 射线是由高速运动的电子撞击金属靶时，由于韧致辐射产生的射线。在韧致辐射过程中，高速电子急剧减速，其动能转化为电磁辐射，产生 X 射线。

X 射线是在 X 射线管中产生的，X 射线管提供了产生 X 射线的基本条件：

1）能够产生电子的电子源。

2）加速电子运动的高压电场。

3）阻止电子运动的靶。

4）高度真空的空间。

4. X 射线谱

X 射线谱是表示 X 射线强度随波长分布关系的曲线。钼靶的 X 射线谱，如图 5-3 所示，由图 5-3 中可知，X 射线谱由连续 X 射线谱（连续谱线）和特征 X 射线谱（分离谱线）两部分组成。

由于特征 X 射线与连续 X 射线能量相比要小得多，所以在工业射线检测中起主要作用的是连续谱线，而特征谱线可以用于对材料成分的分析。

连续 X 射线产生于韧致辐射。在加速电压下获得能量的电子撞击靶原子时，每个电子撞击原子的方式和状态各不相同，只有极少数电子与原子在撞击一次或很少次数情况下就失掉全部能量，而多数电子则需要与原子多次撞击后才能逐渐失去全部能量，所以在 X 射线中存在各种不同波长的射线，形成连续谱线。

特征 X 射线是在跃迁辐射过程中产生的。当高速电子

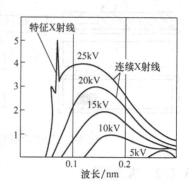

图 5-3　钼靶的 X 射线谱

具有足够大的能量时，它可以把原子中内层轨道电子击出轨道，使内层出现空位，邻近电子层的电子会跃入内层轨道补充空位，同时辐射出一定能量的射线，形成特征谱线。

5. X 射线的主要性质

X 射线是光子流能量为 $\varepsilon = h\nu$，其主要性质可以归纳为下列几个方面：

1）在真空中以光速直线传播。

2）不带电，不受电场的影响。

3）在异质界面上会发生反射和折射，在小孔和窄缝处会发生干涉和衍射现象。

4）穿透力强，能穿透可见光不能穿透的物质。

5）能与物质原子发生复杂的物理作用和化学作用。

6）具有辐射生物效应，能杀伤生物细胞。

5.1.3 射线与物质间的相互作用

X 射线属于电磁辐射，电磁辐射与物质的相互作用本质是光子与物质原子的相互作用。当 X 射线入射入物体时，其光子主要与物质发生光电效应、康普顿效应、电子对效应和瑞利散射，由于这些相互作用，一部分射线被物质吸收，一部分射线被散射，使得穿透物质的射线强度发生衰减。

1. 光电效应

光电效应示意图如图 5-4 所示。射线在物质中传播时，如果入射光子的能量大于轨道电子与原子核的结合能，入射光子与原子核外的内层轨道上的电子发生作用，将轨道电子击出原子，光子能量全部被电子吸收，入射光子消失。在光电效应中，飞出电子称为荧光电子，也称为光电子。

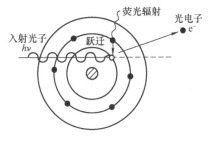

图 5-4　光电效应示意图

当发生光电效应时，由于内层轨道电子被击出轨道，在内层轨道上产生空位，外层轨道上的电子将跃迁到内层轨道去补充空位，并释放出多余的能量，产生荧光辐射。

2. 康普顿效应

康普顿效应示意图如图 5-5 所示。光子通过物质内部时，可能与原子核外外层轨道上的电子或自由电子发生作用，将轨道电子击出轨道，光子能量一部分被电子吸收，转变为电子的动能，生成反冲电子。同时，入射光子的能量减少，成为散射光子，并偏离入射光子的传播方向。

3. 电子对效应

电子对效应示意图如图 5-6 所示。当能量高于 1.02MeV 的光子入射到物质中时，与物质的原子核发生相互作用，光子释放出全部能量，转化成一对正、负电子，并往不同方向飞出。

4. 瑞利散射

瑞利散射示意图如图 5-7 所示。瑞利散射是入射光子与原子内层轨道电子相互作用的散射

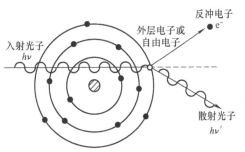

图 5-5　康普顿效应示意图

过程。轨道电子被光子击出轨道后，又跃回原来的轨道，同时释放出一个与入射光子能量相同的散射光子（光子能量可忽略不计）。相当于光子与电子发生弹性碰撞。

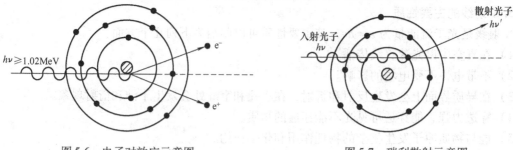

图 5-6　电子对效应示意图　　　　　　　　　　　图 5-7　瑞利散射示意图

光子与物质相互作用的比较见表 5-1。

表 5-1　光子与物质相互作用的比较

效应	光子能量	作用对象	作用产物	光子与原子间的相互作用
光电效应	较低	内层轨道电子	光电子	光子　内层轨道电子　光电子
康普顿效应	中等	外层轨道电子 自由电子	散射光子 反冲电子	光子　外层轨道电子 自由电子　反冲电子　散射光子
电子对效应	≥1.02MeV	原子核	正、负电子对	光子 1.02MeV　原子核　正电子　负电子　电子对 0.51MeV
瑞利散射	低	内层轨道电子	光子	光子 1.02MeV　内层轨道电子　内层轨道电子　散射光子

5.1.4　射线的衰减

1. 基本概念

（1）吸收、散射与衰减

1）吸收：主要是电子获取了光子的全部或部分能量，光子的能量降低或消失，而电子的能量又被物质吸收。

2）散射：光子与核外电子相互作用后，失去部分能量，且改变传播方向，形成散乱射线。

3）衰减：由于光子能量被物质吸收或改变传播方向，致使直接穿透物质的射线强度降低，称为衰减。

（2）透射射线的组成　入射射线经过与物质的相互作用后，透射射线中将包括：光电效应中产生的荧光射线；康普顿效应、瑞利散射中产生的散射线（即二次射线）；光电效应、康普顿效应和电子对效应中产生的荧光电子和反冲电子；直接透过物质的一次射线（未与物质发生作用，沿直线直接穿透物质）。

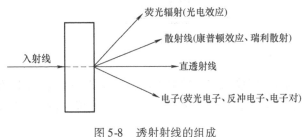

图 5-8　透射射线的组成

透射射线的组成，如图 5-8 所示。

2. 射线衰减规律

射线穿过物质后其强度的衰减与物质的性质、厚度及射线光子的能量相关。

对于窄束射线（射线穿过物质后到达胶片的只有直透射线，而没有其他散乱射线的射线束），其射线衰减规律可表示为

$$I = I_0 e^{-\mu T} \tag{5-2}$$

式中　I_0——入射射线强度；

　　　I——透射射线强度；

　　　T——穿过的物质厚度；

　　　μ——线衰减系数（cm^{-1}），表示射线穿过物质的过程中，射线光子与物质原子发生作用的概率（可能性）。

这就是射线衰减的基本规律。式（5-2）说明，射线穿过物体时的衰减程度以指数规律相关于所穿过的物体厚度。因此，随着厚度的增加，透射射线强度将迅速减弱。

5.2　射线检测方法

5.2.1　射线照相的影像质量

1. 影像的特点

由于射线源是一个具有一定尺寸的光源，与平行光的投影有所不同，而且因缺陷的分布位置不同，因此缺陷影像会发生一些变化。

（1）影像重叠　在沿射线传播方向上的缺陷重叠在一起，如图 5-9 所示。

（2）缺陷放大且不十分清晰　缺陷放大是指缺陷影像的尺寸大于缺陷尺寸，如图 5-10 所示。

因射线源具有一定的尺寸，而不是一个几何点，按照射线直线传播成像原理，投影时由于存在半影区，即边界扩展区，会使影像变得模糊，如图 5-11 所示。

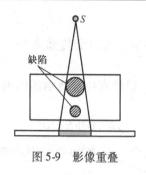

图 5-9　影像重叠

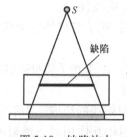

图 5-10　缺陷放大

（3）影像畸变　缺陷影像与缺陷在投影方向上的截面不相似，称为影像畸变。影像畸变在射线照相中经常发生。例如：圆变成非圆、长变短、线变点等，如图 5-12 所示。

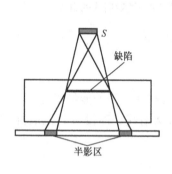

图 5-11　缺陷不清晰

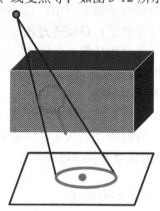

图 5-12　影像畸变

2. 射线照相影像质量的评估参数

射线照相影像的质量由对比度、不清晰度、颗粒度等决定。

（1）对比度　胶片经过曝光和暗室处理后称为底片，由于底片上各处的金属银密度不同，所以各处透光的程度也不同。底片的不透明程度称为黑度，记为 D。

影像黑度与背景黑度的差称为对比度，记为 ΔD。由于不同部位的透照厚度（或材质、密度）不同、射线强度衰减不同，而引起胶片曝光量不同，因而产生底片上的黑度差。

影响对比度的因素：

1）工件的厚度差。

2）工件的材质。

3）散射线的强度。

4）射线的能量——选用较低的射线能量，降低散射线强度。

5）胶片的性能——选用梯度较大的胶片。

6）合适的暗室处理条件。

（2）不清晰度　所谓清晰度是指影像边界的清晰程度，即影像边界从一个黑度过渡到另一个黑度的宽度。不清晰度描述的是影像边界扩展的程度，记为 U。不清晰度示意图如图 5-13 所示。

对工业射线照相检验，产生不清晰度的原因是多方面的，其中最主要的是几何不清晰度和胶片固有不清晰度。

1）几何不清晰度（U_g），是由几何因素造成的。由于射线源有一定的尺寸，在投影过程中形成了几何半影，造成影像边界轮廓模糊，其形成示意图如图5-14所示。将半影宽度定义为几何不清晰度，即

$$U_g = \frac{dT}{f} \tag{5-3}$$

式中　d——射线源焦点尺寸，单位为mm；

　　　T——工件上表面至胶片的距离，单位为mm；

　　　f——焦点至工件上表面的距离，单位为mm。

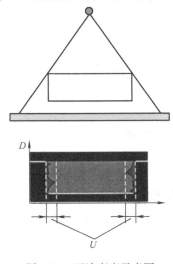

图 5-13　不清晰度示意图

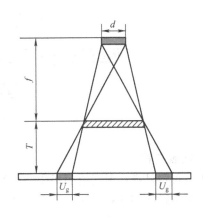

图 5-14　几何不清晰度形成示意图

2）胶片固有不清晰度（U_i），是由胶片自身特性造成的。由于射线与感光乳剂颗粒相互作用产生二次电子，二次电子具有一定的动能，能够从产生它的乳剂颗粒散射到其他的乳剂颗粒上，使附近不应感光的其他乳剂颗粒（没有受到射线照射或射线照射比较弱的乳剂颗粒）感光，产生一定宽度的黑度区域，这个区域的宽度（二次电子作用区域的宽度）就是胶片固有不清晰度。其典型现象就是边蚀现象，如图5-15所示。

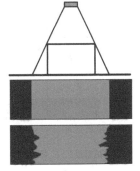

（3）颗粒度　颗粒度是影像黑度的不均匀性程度，记为σ_D。其产生的主要原因是：溴化银分布的随机性和感光物质吸收射线光子的随机性。

底片黑度不均匀的主要影响因素：

1）胶片颗粒度——胶片颗粒度越大，影像颗粒度越大。

2）胶片中溴化银颗粒分布均匀性——溴化银颗粒分布均匀性直接影响底片黑度的均匀性。

图 5-15　边蚀效应

3）射线能量——高能量的射线光子可同时使更多的溴化银感光，显影后生成更大的银团颗粒。

4）暗室处理条件——主要受显影温度的影响。

5.2.2 射线照相技术的基本构成

射线照相技术是射线检验质量的基本保证，主要包括以下几个方面：

1）射线胶片的选用。

2）透照参数，透照参数包括透照电压、曝光量和焦距。

3）透照布置，透照布置主要是确定透照方向和透照方式。

4）辅助措施，辅助措施主要是散射线的防护措施和增感方式的选择。

5）射线照相影像质量，射线照相影像质量主要是底片黑度和射线照相灵敏度。

射线照相检验技术规定的基本线索如图 5-16 所示，可作为理解射线照相检验技术的指导。

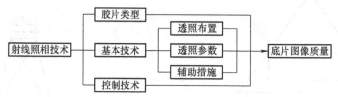

图 5-16　射线照相检验技术规定的基本线索

1. 透照布置

透照布置是指在射线透照场中，射线源、工件、胶片和监测器件的相对位置的布置。典型的透照布置如图 5-17 所示，透照布置的基本原则是使射线照相能更有效地发现缺陷。

透照布置应考虑的问题：

1）缺陷的类型和特点（位置、形状、尺寸和延伸方向）。使缺陷尽可能处于离胶片最近的位置，以减小几何不清晰度；对于平面状较薄的缺陷，应使射线方向垂直于平面进行透照，如图 5-18 所示。

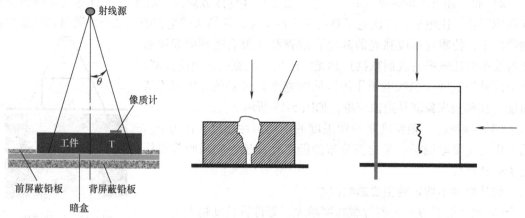

图 5-17　典型的透照布置示意图   图 5-18　透照布置示意图

2）验收标准对检出缺陷的要求。射线检测随透照厚度的增大，检出灵敏度逐渐降低。所以应尽可能选择最薄的透照方向，尽可能采用单壁透照方式。

3）被检工件和设备的状况。

2. 基本透照参数

基本透照参数包括射线能量、焦距和曝光量。

较低能量的射线 + 较大的焦距 + 较大的曝光量 = 质量好的射线底片。

（1）射线能量　射线能量取决于射线管两端电压，在射线照相中常用射线管两端电压表示射线能量，称为"透照电压"，它主要影响底片影像质量和灵敏度。

选择射线能量的基本原则：

1）与透照物体的材料和厚度相适应，使射线能刚刚穿透工件为宜，且符合相关标准的具体规定。

2）透照厚度较大的工件，应选用能量高且穿透能力强的射线；透照厚度较小的工件，应选用能量较低的射线。

（2）焦距　焦距是射线源与胶片的距离。直接影响到底片上影像的几何不清晰度。焦距越大，几何不清晰度越小，底片的清晰度越高。

在实际的射线照相检验工作中，确定焦距的最小值常采用诺模图。

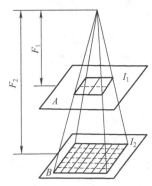

图 5-19　平方反比定律

焦距与射线能量之间的关系符合平方反比定律，如图 5-19 所示，即空间某一点的射线强度和这个点与射线源距离的平方成反比，可以写成

$$\frac{I_1}{I_2} = \frac{F_2^2}{F_1^2} \tag{5-4}$$

式中　I_1——与射线源距离为 F_1 处的射线强度；

I_2——与射线源距离为 F_2 处的射线强度。

（3）曝光量　曝光量是照射到射线胶片上的射线剂量（总能量）。在 X 射线照相检验中，曝光量用射线管的管电流与曝光时间的乘积来表示

$$E = it \tag{5-5}$$

式中　i——射线机透照时的管电流，单位为 mA；

t——曝光时间，单位为 min。

曝光量直接影响射线底片的黑度和颗粒度。曝光量越大，感光的溴化银越多，在感光中心产生的银原子也越多，使底片的黑度增大。

3. 散射线控制

散射线产生示意图，如图 5-20 所示，它是在射线与物质相互作用的过程中，由于射线光子改变传播方向或产生的二次射线形成的。散射线产生于射线照相的任何物体，到达胶片的散射线主要来自被透照的工件自身。在常规射线照相检验中，散射线是有害射线，其对射线照相影像质量的影响主要表现在两个方面：降低影像的对比度和产生边蚀效应。

散射线的防护措施：

1）铅屏蔽。屏蔽非透照区和其他散射源，减少散射来源和到达胶片的散射线。

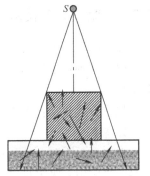

图 5-20　散射线产生示意图

2）光阑和准直器。减小透照场，使射线不照射非透照物体。

3）滤波。使用具有一定厚度的金属滤波板滤除低能射线。

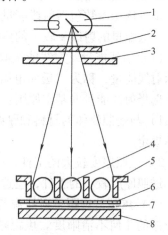

4）背散射防护。采用背铅板吸收来自胶片背面的二次射线。由于背散射源（地面）距胶片很近，所以应用较厚的防护材料，铅板厚度一般不小于1mm。

散射线屏蔽方法具体的布置示意图如图5-21所示。

5.2.3　曝光曲线

曝光曲线是在一定条件下绘制的透照参数与透照厚度之间的关系曲线，主要用于直接确定透照参数。曝光曲线是通过改变曝光参量，透照由不同厚度组成的阶梯试块，根据给定的冲洗条件洗出的底片所达到的基准黑度值来制作的。

图 5-21　散射线屏蔽方法

1—X 射线管　2—滤波板　3—准直器材

4—工件　5—遮屏铅板　6—前吸收铅板

7—胶片　8—后屏蔽铅板

曝光曲线有多种形式，常用的是 $T-kV$ 曲线（工件厚度和管电压曲线，图5-22）、$T-E$ 曲线（厚度和曝光量曲线，图5-23）。

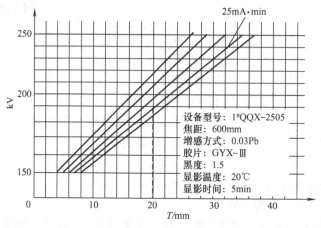

设备型号：1#QQX-2505
焦距：600mm
增感方式：0.03Pb
胶片：GYX-Ⅲ
黑度：1.5
显影温度：20℃
显影时间：5min

图 5-22　$T-kV$ 曲线

5.2.4　暗室处理技术

胶片暗室处理的目的是：将经过曝光的潜影转变成可见的影像。

暗室处理包括显影、停影、定影、水洗和干燥五个基本过程，其中最主要的过程是显影和定影。

操作方式包括：手工处理、胶片自动处理机处理。胶片手工处理要求见表5-2。

1. 显影

显影是一个复杂的氧化还原过程。在显影过程中显影剂被氧化，银离子被还原。整个过程是：潜影中心吸附显影剂→显影剂释放电子→潜影中心的银离子与电子结合生成银原子，聚集在潜影中心，这个过程不断重复，使潜影转化为可见的影像。显影必须在碱性溶液中进行。

（1）显影液的组成

1）显影剂是显影液的基本成分，它使感光溴化银中银离子还原成银。最常用的显影剂是米吐尔，它还原能力强，显影快。

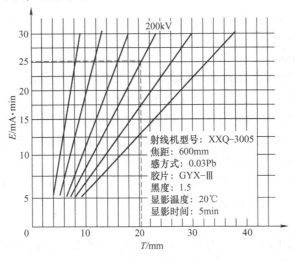

图 5-23　$T-E$ 曲线

表 5-2　胶片手工处理要求

处理过程	温度/℃	时间/min	基本操作与要求
显影	20±2	4~6	水平或垂直方向不断移动（翻动）胶片
停影	16~24	0.5~1	胶片完全浸入停影液中
定影	16~24	10~15	间隔适当时间移动（翻动）胶片
水洗	16~24	≥30	流动水，级联方式可适当缩短水洗时间
干燥	≤40	—	环境中应无灰尘

2）保护剂是保护显影剂不被氧化。常用的保护剂是无水亚硫酸钠，它与氧有较强的结合能力，能够减少显影剂与氧的结合。

3）促进剂是中和显影过程中产生的氢离子，保持显影液碱性（pH 值为 8~11）。常用的促进剂是碳酸钠。

4）抑制剂是抑制显影剂对未感光溴化银的还原作用，降低底片灰雾。常用的抑制剂是溴化钾。

5）溶剂水——溶解其他成分，构成显影液。

（2）显影液的配制

配制方法和程序必须按照显影液配方的规定进行，主要的要求是：

1）不能在铁、铝、铜等容器中配制，可在非金属容器或不锈钢容器中配制。

2）溶剂要用蒸馏水或去离子水（软水），且不能含杂质。

3）显影液各种成分按规定的比例（数量）和顺序依次加入。

4）在前一种药剂完全溶解后（边加入边搅动）再加入下一种药剂。

5）配制好的显影液应保存在密闭、避光的非金属或不锈钢容器中，至少24h后再投入使用。

（3）显影操作注意事项

1）测量显影液温度。

2）胶片放入显影液前要在清水中均匀润湿。

3）不间断地移动或翻动胶片。

4）按规定的显影时间进行显影，不随意延长或缩短显影时间。

（4）影响显影的因素　主要是显影温度和显影时间。

一般显影温度越高，显影能力越强。但温度过高可能使显影剂分解失效，或造成显影剂的过分氧化，使底片灰雾增大、影像颗粒变粗，而且可能使乳剂层变软，造成损伤。温度过低，显影能力大大降低，使显影时间延长，影像对比度降低。

显影时间决定了底片黑度，黑度对对比度有影响。显影时间不宜过长，过长会增大底片灰雾和影像颗粒度，导致灵敏度下降。

2. 停影

胶片从显影液中取出后，上面带的分布不均匀的显影液会使胶片继续显影，这会导致显影不均匀，而且胶片上的显影液一旦带入定影液会使底片上产生双色灰雾。为此，采用中间水洗的方式，利用流动清水冲洗约1min，再将显影液转入到清水中，以达到立即停止显影的目的。

3. 定影

定影的作用是将胶片上未感光的溴化银除去。

（1）定影液的组成

1）定影剂是定影液的核心成分。常用定影剂是硫代硫酸钠。

2）酸性剂是中和停影过程中胶片上未被中和掉的碱性物质。常用的酸性剂是冰醋酸、硼酸。

3）保护剂是为了稳定定影液的酸性（pH值）。常用的保护剂是亚硫酸钠。

4）坚膜剂是降低乳剂层的吸水膨胀率，增加乳剂层的强度。

5）溶剂水——溶解其他成分，构成定影液。

（2）影响定影的因素

影响定影的主要因素是：定影温度与时间、定影液的老化程度、定影操作。操作方面与显影相同。

1）温度的影响：温度越高，定影越快。但温度过高可能造成定影液分解，乳剂膜膨胀，容易发生划伤和脱膜。

2）时间的影响：整个定影时间应保证定影剂能与未感光溴化银充分发生反应，而反应生成物能充分从胶片上溶解转移到定影液中去。一般将胶片完全变成透明状态所用的时间称为"通透时间"，定影时间至少应为通透时间的2~3倍。

4. 水洗与干燥

（1）水洗　胶片在定影液中，定影反应生成物只有一部分转移到定影液中，胶片从定影液取出后，还有一部分留在乳剂层中。水洗的目的就是将残留的反应生成物从胶片上溶出。

水洗的质量与水温、时间和方式有关。水温高，可缩短冲洗时间，但水温过高对乳剂膜有害；冲洗时间长，效果好，一般需要约 30min。用流动水冲洗，有利于清除残留的有害物质。

（2）干燥　干燥的目的是清除底片上的水分。干燥的方式主要分为自然干燥和烘箱干燥两种。

自然干燥时，要求环境空气清洁、干燥、流动。不应在强烈日光下暴晒。

烘箱干燥时，烘箱温度不能高于 40℃，不宜过度烘烤，以防底片发生变形。

5.2.5　射线透照方法

根据不同工件形状和要求，合理地选定透照方向，对检测效果有很大的影响。射线照相透照方法主要分为垂直透照法、椭圆成像法和中心周向透照法。

1. 垂直透照法

垂直透照布置的示意图如图 5-24 所示。射线源布置在焊缝中心面上适当距离的位置，中心射线束垂直指向焊缝的中心轴线。垂直透照布置的缺点是上下焊缝影像重叠，对缺陷位置的判断不利，但操作比较简单。

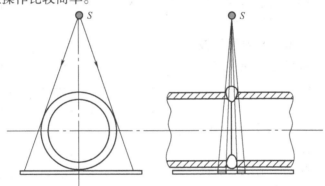

图 5-24　垂直透照布置

2. 椭圆成像法

椭圆成像透照布置的示意图如图 5-25 所示。射线源布置在偏离焊缝中心面上适当距离的位置，保证源侧焊缝和胶片侧焊缝的影像不互相重叠，中心射线束指向焊缝的中心。椭圆成像法又分为双壁单影法和双壁双影法。双壁单影法适用于直径大于 100mm 管件的检测，双壁双影法适用于直径不超过 80～100mm 管件的检测。

3. 中心周向透照法

中心周向透照布置的示意图如图 5-26 所示。射线源从里向外透射，适用于大直径、大壁厚的工件，如锅炉、高压容器等。

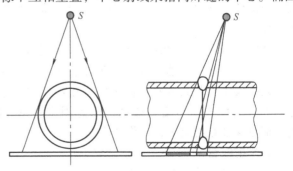

图 5-25　椭圆成像透照布置

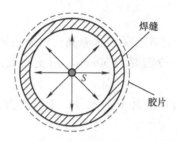

图 5-26　中心周向透照布置

5.3　射线检测装置

5.3.1　X 射线机

X 射线机是一种用来产生 X 射线的设备，它利用高压变压器加在两个金属电极上的高电压产生射线。

1. X 射线机的基本结构与类型

（1）基本结构　X 射线机主要由射线发生器（X 射线管）、高压发生器、冷却系统、控制系统四部分组成，如图 5-27 所示。

（2）X 射线机的类型　X 射线机按照结构进行分类，通常可分为便携式 X 射线机、移动式 X 射线机、固定式 X 射线机三类。

便携式 X 射线机，如图 5-28 所示，整机由控制器和射线发生器构成，它们之间采用低压电缆连接。X 射线管、高压发生器、冷却系统共同安装在一个机

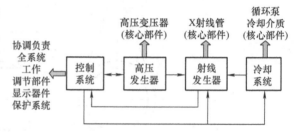

图 5-27　X 射线机基本结构示意图

壳中，共同组成一个组合式射线发生器，射线发生器中充满了绝缘介质。其体积小、重量轻，方便携带，利于进行现场射线照相检验。

移动式 X 射线机，如图 5-29 所示，具有分立的各个组成部分，但它们共同安装在一个小车上，可以方便地移动到现场进行工作，冷却系统为良好的水循环冷却系统。X 射线管采用金属陶瓷 X 射线管，尺寸较小，它与高压发生器之间采用高压电缆连接，便于现场的防护和操作。

固定式 X 射线机如图 5-30 所示，采用结构完善、功能强大的分立射线发生器、高压发生器、冷却系统和控制系统，射线发生器与高压发生器之间采用高压电缆连接。其体积大、重量大，不便于移动，因此固定在 X 射线机房内，但可保证系统完善，工作效率高。

2. X 射线管

X 射线机的核心器件是 X 射线管，X 射线管主要由阳极、阴极和管壳构成，其基本结构如图 5-31 所示。

图 5-28　便携式 X 射线机

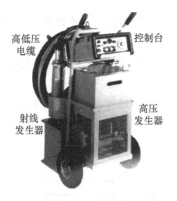

图 5-29　移动式 X 射线机

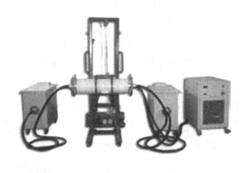

图 5-30　固定式 X 射线机

（1）阳极　阳极是产生 X 射线的部位，主要由阳极体、阳极靶和阳极罩组成，阳极的基本结构如图 5-32 所示。

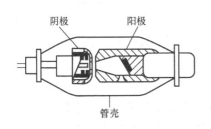

图 5-31　X 射线管的结构示意图

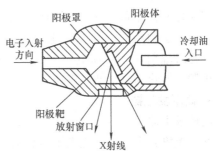

图 5-32　阳极的基本结构示意图

阳极体是具有高热传导性的金属电极，典型的阳极体由无氧铜制作。其作用是支承阳极靶，并将阳极靶上产生的热量传送出去，避免靶面烧毁。

阳极靶的作用是承受高速电子的撞击，产生 X 射线。阳极靶紧密镶嵌在阳极体上，由于 X 射线机产生 X 射线的效率只有 1% ~2%，其余能量都转换为热，所以阳极靶采用耐高温材料（金属钨）制作。阳极靶的表面应磨成镜面，并与 X 射线管轴成一定角度。

高速电子撞击阳极靶时会产生二次电子，二次电子溅射到管壳上聚集形成一定电位，影响飞向阳极靶的电子束，阳极罩就是用来吸收高速电子撞击阳极靶时所产生的二次电子。阳极罩常用铜制作，它有两个窗口，一个朝向阴极，是高速电子通道，一个开在阳极罩侧面、朝向机头，是向外辐射 X 射线的辐射窗。

（2）阴极　阴极是 X 射线管中发射电子的部位，它由灯丝和一定形状的金属电极——聚焦杯（阴极头）构成。灯丝采用钨丝制作，绕成一定形状（主要形状有圆形、线形、矩形等），聚焦杯包围着灯丝。

灯丝发射电子的能力与灯丝温度有关，温度越高，发射电子越多，管电流越大。管电流的调节就是通过调节灯丝电压完成的。

灯丝的形状、尺寸及聚焦杯的形状、尺寸、与灯丝的相对位置等，都直接影响 X 射线管的焦点。

（3）管壳　X 射线管的管壳是一个高真空腔体，阳极和阴极就封装在腔内，管壳必须具有足够高的机械强度和电绝缘强度。工业射线检测常用的 X 射线管的管壳主要采用玻璃与金属或陶瓷与金属制作，分为玻璃管和金属陶瓷管。与玻璃管壳 X 射线管相比，金属陶瓷管具有结构牢固、寿命长（>1000h）的特点。

X 射线管必须有足够的真空度，即达到 $1.33 \times (10^{-3} \sim 10^{-5})$ Pa。如果射线管的真空度不够，气体分子在电子的撞击下会被电离，从而产生附加电流，导致管电流急剧增大，影响管电流的稳定性，且直接影响到射线管的寿命。

X 射线产生示意图如图 5-33 所示。

X 射线管中产生 X 射线的基本过程：X 射线管的阴极灯丝通过电流，被加热到高温后发射电子，这些电子聚集在灯丝附近。当 X 射线管的阳极和阴极之间施加上高压（几十至几百千伏电压）后，电子在这个高压作用下被加速，高速穿过阳极和阴极之间的空间后撞击到阳极靶上。通过轫致辐射，电子的小部分动能转化为 X 射线，从 X 射线管窗口辐射出来，而电子的大部分动能传给了阳极靶，转化为热量使其迅速升温。

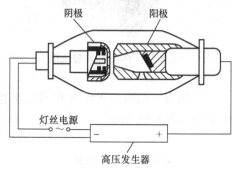

图 5-33　X 射线产生示意图

3. 高压发生器

高压发生器主要由高压变压器、高压整流管、灯丝变压器和高压整流电路组成，它们共同装在一个机壳中，里面充满了耐高压的绝缘介质，目前主要是高抗电强度的变压器油。高压发生器的作用是提供 X 射线管的加速电压和灯丝电压。

4. 冷却系统

X 射线机工作时，X 射线管只能将约 1% 的电子能量转换为 X 射线，约 99% 的能量在阳极靶上被转换为热量，产生的高热会损坏阳极靶。因此，冷却系统的目的就是冷却阳极靶，保证 X 射线管能正常工作。

冷却系统按照冷却方式可分为油循环冷却、水循环冷却和辐射散热冷却三种。

油循环冷却：用水冷却过的冷却油从射线发生器的一端流入，从另一端流出，带走射线管阳极的热量。这种方式主要应用于固定式 X 射线机。

水循环冷却：冷却水直接流过阳极空腔，带走阳极热量。这种冷却方式应用于移动式 X 射线机。

辐射散热冷却：在阳极装上散热片，将阳极上的热量辐射出去。这种方式主要应用于便携式 X 射线机。一般还装备有风扇，加速散热。

5. 控制和保护系统

X 射线机的控制和保护系统装在控制台中，一旦 X 射线机中出现异常情况或出现工作条件不符合要求，这些保护装置将动作，使 X 射线机不能加上高压或高压将被切断，从而停止工作。

控制部分：实现管电压与管电流的设置和调整、曝光时间的设置和调整以及电路指示。

保护部分：实现过电压、过电流保护，失电压、失电流保护，温度保护，时间保护，水压、气压保护以及零位保护等。

6. 高压电缆

移动式和固定式 X 射线机的高压发生器与射线发生器之间，应采用高压电缆连接，其基本结构如图 5-34 所示。

7. X 射线机的技术性能

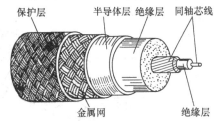

X 射线机的主要技术指标为管电压、管电流、辐射强度、焦点尺寸、辐射角等，这些性能都直接相关于射线照相工作，在选取 X 射线机时应考虑上述性能是否适应所进行的工作。

图 5-34　高压电缆结构示意图

（1）管电压　X 射线机的管电压直接决定了所产生 X 射线的能量，因此也就决定了其适宜检验的材料和厚度范围。不同管电压适宜检验的钢厚度见表 5-3。

表 5-3　不同管电压适宜检验的钢厚度

V/kV	100	160	200	250	320	420
T/mm	~5	~15	~20	~30	~40	~50

X 射线机的管电压范围是由 X 射线管与高压发生器决定的，管电压过高将造成 X 射线管的高压击穿。

（2）管电流　X 射线机的管电流既受到灯丝加热电流和管电压的限制，又受到 X 射线管功率的限制，X 射线机的管电流不能任意提高，否则过高的输入功率将造成阳极靶的损坏，甚至熔化。例如：常见的便携式 X 射线机的管电流，一般不超过 5mA；移动式 X 射线机的管电流一般不超过 20mA。

（3）辐射强度　X 射线管辐射的 X 射线强度近似与管电压的平方成正比、与管电流成正比、与靶物质的原子序数成正比，这个关系可以表示为

$$I = \alpha i Z V^2 \tag{5-6}$$

式中　I——X 射线强度；

　　i——管电流，单位为 mA；

　　Z——靶物质的原子序数；

　　V——管电压，单位为 kV；

　　α——比例系数，$(1.1 \sim 1.4) \times 10^{-6}$。

X 射线管辐射的 X 射线强度，在空间不同方向是不同的，X 射线管轴线上相对强度的分布如图 5-35 所示，这种现象称为"侧倾效应"。在沿 X 射线管轴线上，射线强度在 20°~40° 范围内最强。

（4）射线机焦点　焦点是阳极靶上产生 X 射线的区域。由于焦点的形状、尺寸直接相关于射线照相所得到的影像的质量，所以它是 X 射线机的一个重要技术指标。

X 射线机的焦点如图 5-36 所示。实际焦点是指靶上被电子撞击的面积；有效焦点是指实际焦

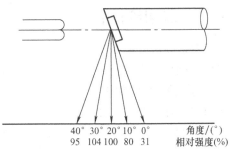

图 5-35　X 射线管辐射的侧倾效应

点在射线束中心方向上观察到的焦点形状和尺寸，也就是实际焦点在垂直于管轴方向的投影，它总是小于实际焦点。射线照相中通常说的是有效焦点，简称为焦点。焦点对射线机性能的影响是：焦点大，有利于散热，照相清晰度不高；焦点小，照相清晰度高，不利于散热。

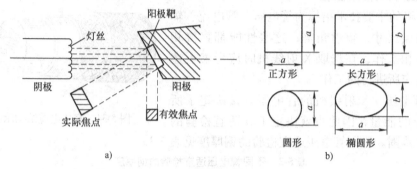

图 5-36　X 射线机的焦点

a）有效焦点与实际焦点的关系　b）焦点形状

焦点的形状取决于灯丝绕制的形状，常用的 X 射线焦点形状有四种，即正方形、长方形、圆形、椭圆形，各种形状焦点的有效焦点尺寸 d 的计算见表5-4。

表5-4　有效焦点尺寸 d 的计算

正方形	$d = a$	圆形	$d = a$
长方形	$d = (a+b)/2$	椭圆形	$d = (a+b)/2$

（5）辐射角　辐射角直接决定了 X 射线机可使用的辐照场，它由阳极靶的形状和阳极的设计决定。

目前使用的 X 射线机，定向辐射 X 射线机的辐射角一般为 40°锥形辐射角，周向辐射 X 射线机一般为（24°或 25°）×360°的扇形周向辐射角。

X 射线机的使用注意事项：

1）不能超负荷使用。

2）注意老化训练，以提高 X 射线管的真空度。

3）充分预热和冷却。

4）注意日常维护。

5.3.2　工业射线胶片

工业射线胶片广泛应用于黑色金属、有色金属及其合金或其他衰变系数较小的材料制作的器件、型材、零件或焊缝的非破坏性射线检测。

1. 射线胶片的结构

射线胶片的结构，如图 5-37 所示，由片基、结合层、乳剂层和保护层四部分组成。

1）片基为透明塑料，它是感光乳剂的载体。

2）结合层是一层胶质膜，它将感光乳剂牢固地粘结在片基上。

3）乳剂层的主要成分是卤化银感光物质极细颗粒和明胶，此外还含有一些增感剂等，是胶片的核心，它决定了胶片的感光性能。卤化银主要采用的是溴化银（AgBr），明胶可以使卤化银颗粒均匀地悬浮在感光乳剂层中，它具有多孔性，对水有极大的亲合力，使暗室处理药液能均匀地渗透到感光乳剂层中，感光乳剂层的优劣决定了胶片的感光性能。

4）保护层主要是一层极薄的明胶层，保护乳剂层不与外界接触，避免损坏。

为了能更多地吸收射线的能量，在结构上射线胶片与普通胶片的主要不同是：射线胶片一般是双面涂布感光乳剂层，且感光乳剂层厚度远大于普通胶片。

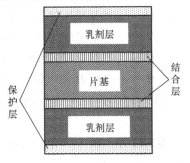

图 5-37 射线胶片的结构

2. 潜影的形成

潜影是胶片曝光后在胶片中产生的潜在影像，经过显影处理，潜影可转化为可见的影像。潜影的形成分为两个阶段：电子阶段和离子阶段。

在感光乳剂的制备过程中，由于溴化银颗粒表面存在一些中性银原子和硫化银而提高了对光的反应能力，形成感光中心，这是潜影形成的基础。

在电子阶段，溴化银颗粒吸收光子，使溴离子电离产生电子，电子移动陷入感光中心，感光中心带负电。电子阶段是可逆的，可以用方程表示为

$$Br^- + h\nu \leftrightarrow Br + e^-$$

在离子阶段，带负电荷的感光中心吸引溴化银中的银离子，使银离子向感光中心移动，与电子中和形成银原子，进而形成银团成为潜影。离子阶段也是可逆的，可用方程表示为

$$Ag^+ + e^- \leftrightarrow Ag$$

3. 胶片的主要感光特性与感光特性曲线

胶片的感光特性是指胶片曝光后经暗室处理所得底片黑度与曝光量之间的关系，可用胶片的感光特性曲线来表示，如图 5-38 所示。感光特性曲线集中显示了胶片的主要感光特性。

曲线中的 CD 部分为正常曝光区，底片黑度与曝光量的对数近似成正比，满足下面的关系

$$D = G\lg H + k \tag{5-7}$$

式中 D——底片黑度；

     G——特性曲线的斜率，即梯度；

     H——曝光量；

     k——常数。

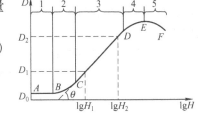

图 5-38 胶片的感光特性曲线

胶片的主要感光特性包括感光度、梯度、宽容度和灰雾度等。

（1）感光度（S）   感光度也称为感光速度，它表示胶片感光的快慢，即对光（射线）的敏感程度。不同胶片得到同样的黑度所需要的曝光量是不同的，感光度大的胶片得到相同黑度的底片时，需要曝光量较少，曝光时间较短。

感光度通常定义为使胶片产生一定黑度所需要的曝光量的倒数，即

$$S = 1/H_S \tag{5-8}$$

（2）梯度（G）   胶片特性曲线上任一点的切线的斜率称为梯度（G）。胶片梯度越大，相同性质和尺寸的缺陷在底片上产生的黑度差越大，越容易识别。

在正常曝光区常常近似认为胶片梯度为一常数，用平均梯度（平均斜率）来表示，定

义为

$$\overline{G} = \frac{D_2 - D_1}{\lg H_2 - \lg H_1} = \frac{2.0}{\lg H_2 - \lg H_1} \tag{5-9}$$

式中　D_1——片基黑度加灰雾度再加 1.50 的黑度；

　　　　D_2——片基黑度加灰雾度再增加 3.50 的黑度；

　　　　H_1——产生 D_1 黑度所需要的曝光量；

　　　　H_2——产生 D_2 黑度所需要的曝光量。

（3）宽容度（L）　胶片特性曲线上正常曝光区对应的曝光量范围称为宽容度，即

$$L = \lg H_2 - \lg H_1 \tag{5-10}$$

宽容度表示胶片所适用的射线透照厚度范围，宽容度大的胶片适于透照厚度差较大的工件。

（4）灰雾度（D_0）　灰雾度表示不经曝光的胶片，经暗室处理后所得底片的黑度，在胶片感光特性曲线上是曲线起点对应的黑度。

（5）影响胶片特性的因素

1）主要影响因素是溴化银颗粒的大小，它对感光度、梯度和宽容度都有较大影响。

2）射线波长（光子能量）。这主要是由于感光材料对不同波长光的敏感性不同。

3）存放时间、存放条件和暗室处理条件。

一般说来，随着粒度增大，胶片的感光度也增高，梯度降低，灰雾度也会增大。感光材料的粒度限制了胶片所能记录的细节最小尺寸。

4. 射线胶片的分类与选用

在工业射线照相中，胶片的分类是一个重要的课题，正确的分类直接表示了对胶片感光特性与射线照片影像关系的认识，能否正确选用胶片直接关系到射线照相所得影像的质量。

工业射线照相中所使用的胶片，通常分为增感型胶片、非增感型胶片两种类型。增感型胶片适宜与荧光增感屏配合使用，非增感型胶片适宜与金属增感屏一起使用或不用增感屏直接使用。

按照胶片感光乳剂的粒度和主要的感光特性，射线胶片定性地划分为四类，见表 5-5。

表 5-5　射线胶片分类性能要求

胶片类型	G1	G2	G3	G4
粒度	微粒	细粒	中粒	粗粒
S	很低	低	中	高

把胶片、增感屏、暗室处理条件结合在一起作为一个整体，称作胶片系统。按照胶片系统的感光特性和影像性能进行分类，其主要特性指标见表 5-6。

表 5-6　胶片系统的主要特性指标

系统类别	梯度最小值 G_{min}		颗粒度最大值（σ_D)$_{max}$	（梯度/颗粒度）最小值（G/σ_D)$_{min}$
	$D = 2.0$	$D = 4.0$	$D = 2.0$	$D = 2.0$
T1	4.3	7.4	0.018	270
T2	4.1	6.8	0.028	150

（续）

系统类别	梯度最小值 G_{min}		颗粒度最大值 $(\sigma_D)_{max}$	（梯度/颗粒度）最小值 $(G/\sigma_D)_{min}$
	$D = 2.0$	$D = 4.0$	$D = 2.0$	$D = 2.0$
T3	3.8	6.4	0.032	120
T4	3.5	5.0	0.039	100

在射线照相检验工作中，应按照射线照相检验标准的规定选用胶片。一般来说，采用中等灵敏度的射线照相检验技术时，应选用 T3（G3）类或性能更好的胶片；采用高灵敏度射线照相检验技术时，应选用 T2（G2）或性能更好的胶片；当检验裂纹性缺陷时，一定应选用性能好的胶片。在射线照相检验技术中，一般不允许选用 T4（G4）类胶片，也就是一般不允许选用增感型胶片。

胶片存放的注意事项：

1）应尽量存放在适当的温度和湿度的环境中。温度和湿度过高会导致胶片灰雾度增加，且乳剂膜发粘，造成胶片间粘连；温度和湿度过低会造成胶片变脆，易断裂和产生摩擦静电。

2）胶片在存放过程中应避免接触有害气体，远离热源和辐射源。

3）胶片存放时应立放，不应平放，避免受压受折，避免胶片粘连和产生折痕。

5.3.3　射线照相检验常用的其他设备和器材

1. 增感屏

射线照相的影像主要是由被胶片吸收的能量决定的。当射线入射到胶片时，由于射线的穿透能力很强，大部分穿过胶片，而射线进入胶片并被吸收的效率却很低，一般只能吸收入射射线约 1% 的有效射线能量来形成影像，这意味着要得到一张清晰的具有一定黑度的底片需要很长的感光时间。而且实际情况是即使感光时间很长，往往也得不到满意的效果（黑度）。为了更多地吸收射线的能量，缩短曝光时间，在射线照相检验中，常采用增感屏与胶片一起进行射线照相，利用增感屏吸收一部分射线能量，增感屏在射线作用下激发出的荧光或产生的次级射线对胶片有强感光作用，以此来达到缩短曝光时间的目的。

所谓增感，就是增强胶片的感光作用。描述增感屏增感性能的主要指标是增感系数，即

$$k = \frac{E_0}{E} \tag{5-11}$$

式中　E_0——底片达到一定黑度不用增感屏时所需的曝光量；

　　　E——底片达到一定黑度使用增感屏时所需的曝光量；

　　　k——增感系数。

增感屏主要有三种类型：金属增感屏、荧光增感屏、复合增感屏。三种类型增感屏具有不同的特点，适应不同的要求，使用时要根据产品要求、射线能量、胶片特性等来决定选用哪种增感方式。金属增感屏清晰度最高，对一般技术级别和较高技术级别都应采用金属增感屏。

金属增感屏是将厚度均匀、平整的金属箔（目前主要采用铅合金箔）粘接在屏基（纸

板、胶片片基）上构成，其结构如图 5-39 所示。金属增感屏主要与非增感型胶片一起使用，增强胶片的感光作用，同时过滤低能散射线。

金属增感屏的增感过程示意图，如图 5-40 所示。金属箔在射线照射下，射线光子与物质原子相互作用可以发射电子，这些电子被胶片吸收，也产生照相作用，使胶片感光，从而增加了胶片的感光作用。另外，金属增感屏还具有滤波作用，能够吸收散射线，提高底片的影像质量。

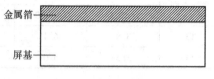

图 5-39　金属增感屏的结构

使用时增感屏常分为前屏和后屏。前屏应置于胶片朝向射线源一侧，后屏置于另一侧，胶片夹在两屏之间。另外，在暗袋外面附加一定厚度的铅板，以屏蔽环境产生的散射线。

增感屏摆放方法如图 5-41 所示。

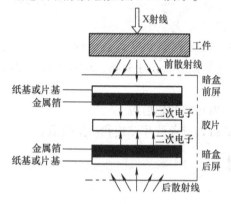

图 5-40　金属增感屏增感过程示意图

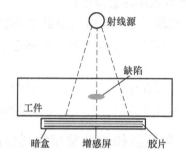

图 5-41　增感屏摆放方法

增感屏的使用应注意以下几个方面：

1）正确选用增感屏类型和规格。

2）胶片夹在两增感屏之间，增感物质面向胶片。

3）胶片与增感屏之间应直接接触，不能放置其他物品。

4）保证胶片与增感屏紧密接触，不能过分弯曲和挤压。

5）避免胶片与增感屏之间的相互摩擦。

6）及时更换已损伤的增感屏。

2. 像质计

像质计是测定射线照片的射线照相灵敏度（射线检验能够检出细小缺陷或细节的能力）的器件，根据在底片上显示的像质计的影像，可以判断底片影像的质量，并可评定透照技术、胶片暗室处理情况、缺陷检验能力等。目前，使用最多的像质计是丝型像质计，其主要应用在金属材料，基本样式如图 5-42 所示。

丝型像质计采用与被检工件材质相同或相近的材料制做金属丝（可用钢、铁、铜、铝等材料制作），按照直径大小

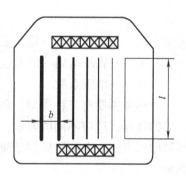

图 5-42　丝型像质计样式

的顺序、以规定的间距平行排列、封装在对射线吸收系数很低的透明材料中，并配备一定的标志说明字母和数字。

一套像质计中丝的数量为 19 根，分别编为 1 ~ 19 号。19 根丝分成五组：1 ~ 7、6 ~ 12、10 ~ 16、12 ~ 18、13 ~ 19，分别称为 Ⅰ、Ⅱ、Ⅲ、Ⅳ、Ⅴ号丝型像质计，适用于不同的厚度。在制作成丝型像质计时，丝长一般为 50mm，间距一般为 5mm。在射线照相中究竟选用哪一组的像质计，应按照透照厚度和技术要求确定，所应识别的丝不应处于所在组的边缘。

在使用像质计时，除正确选择透度计外，其摆放位置直接影响着检测灵敏度。像质计的摆放方法如图 5-43 所示，原则上是将透度计摆放在透照灵敏度最低的位置。为此，像质计应放在工件靠近射线源的一侧，并靠近透照场边缘的表面上，让像质计上直径小的一侧远离射线中心。每张底片原则上都必须有像质计。

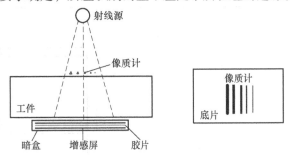

图 5-43　像质计的摆放方法

3. 其他设备和器材

为完成射线照相检验，除需要上面叙述的设备器材外，还需要其他的一些小型设备和器材。

（1）观片灯　观片灯是用于底片评定的基本设备。对观片灯的主要要求包括三个方面，即光的颜色、光源亮度、照明方式与范围。

光的颜色一般应为日光色，光源应具有足够的亮度且可调整，其最大亮度应能达到与底片黑度相适应的值。光源的照明应以漫射方式，照明的区域应当可以调整大小，可以控制在评片者注意观察的范围。

（2）黑度计　黑度计是测量底片黑度的设备。黑度计使用的一般程序是：接通电源→复位→校准 0 点→测量。

（3）暗室设备与器材　暗室必需的主要设备和器材包括：工作台、切片刀、胶片处理的槽或盘（或自动洗片机）、安全红灯、上下水、计时器等。

（4）标记与铅板　使用标记主要是为了缺陷定位和建立档案，以实现质量追踪。标记包括指示标记和定位标记。指示标记一般包括产品号、工件号、部位号、透照日期等；定位标记主要是中心标记和搭接标记。

标记应放置在工件适当的部位，与工件同时透照，所有标记的影像不应重叠，且不应干扰有效评定范围内的影像。

铅板主要是用于屏蔽散射线。

5.4　射线检测应用实例

5.4.1　典型工件的射线检测

典型工件的射线检测工艺卡示例见表 5-7。

表 5-7　射线检测工艺卡示例

射线照相检验工艺卡

试件名称	壳体	图号	KT-01	材料牌号	1Cr18Ni9Ti	验收标准	MB-001 Ⅱ级 B 版
RT 标准	GJB-1187A-2001	黑度范围	2.25~2.75	暗室处理	自动洗片机		

透照部位示意图

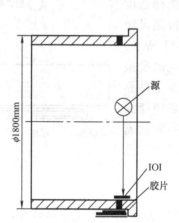

附加说明：应注意背散射的防护。

检验部位名称/检验比例	焊缝/100%	质量控制要求：
部位编号	H	1）开始工作前，检查仪器设备的校验
技术级别	B 级	2）测试洗片机性能
射线机	HS320	3）测量评片间环境白光
胶片型号	Kodak M	4）测量观片灯亮度，确定最大密度值
透照方式	源在内单壁单影	5）验证密度计的精度
射线方向	垂直	6）暗场适应
透照厚度/mm	10	7）测量底片密度、灵敏度、标记和表观质量
透照区/透照次数	2826/2	
焦距/cm	120	
管电压/kV	100	
管电流/mA	10/15	
曝光时间/min	3/2	
增感屏类型/厚度/mm	Pb/0.03	
像质计/应识别丝径/mm	FE/0.16	
其他		

标记	识别标记：应包括零件号、部位号、序列号、机构代码、日期等 定位标记：搭接标记、中心标记 返修时加 R_1 或 R_2	编制：Ⅱ级
		审核：Ⅱ级
		批准：Ⅲ级

5.4.2 检测报告

射线检测报告示例见表5-8。

表5-8 射线检测报告示例

工件编号		05	材质	K23	铸造方法	熔模铸造
检测条件及参数	检测标准	GB/T 1173—1995	检测技术等级	AB 级	要求检测比例	100%
	合格级别	Ⅱ级	底片黑度	2.0~4.0	实际检测比例	100%
	射线源	X 射线	设备型号	MG310	设备编号	BY（F）-0003
	焦点尺寸	4.0×4.0（mm×mm）	管电压	170kV	管电流	10mA
	曝光时间	2min	增感方式	铅箔	透照方式	中心透照
	焦距 L_1	1800mm	一次透照长度	L3	像质计型号	Fe14
	可识别像质计线号	14#	胶片种类	天津 V 型	胶片规格	150×80(mm×mm)
	冲洗条件	自动冲洗	显影温度	20℃	显影时间	5min

缺陷示意图：

夹杂

大面积针孔

检测结论：本产质量不符合 JB/T 4730.2—2005 标准Ⅱ级的要求，结果不合格

检测人/资格	Ⅱ级	审核人/资格	Ⅲ级	批准人	Ⅲ级

复习思考题

1. X 射线机的基本结构及各部分的作用分别是什么？

2. X 射线管的基本构造是什么？X 射线的产生过程是什么？

3. X 射线机的主要工作参数有哪些？

4. 胶片的主要感光特性、分类及特点是什么？

5. 潜影形成的基本过程是什么？

6. 增感屏的分类、主要特点及增感原理是什么？

7. 丝型像质计的基本结构、要求和使用方法是什么？

8. 影响射线照相影像质量的基本因素有哪些？

9. 产生射线照相影像不清晰度的主要原因有哪些？

10. 射线照相的透照布置方法有哪些？

11. 透照参数对射线照相影像质量的影响有哪些？

12. 散射线对射线照相影像质量的影响有哪些？

13. 显影和定影的主要作用和过程是什么？显影液和定影液的组成是什么？

超声检测（Ultrasonic Testing，简称 UT）是应用最广泛的无损检测方法之一，从检测对象的材料来说，可用于检测金属材料、非金属材料和复合材料；从检测对象的制造工艺来说，可以是锻件、铸件、焊接件、胶接件、复合材料构件等；从检测对象的尺寸来说，探测范围广，检测厚度可小至 1mm，也可达几米；从检测对象的形状来说，可以是板材、棒材、管材等；从缺陷的特点来说，既可以检测表面缺陷，又可以检测内部缺陷。

但是超声检测对操作人员的技术水平要求高，结果不直观，缺陷定性困难，检测结果无直接见证记录；此外，对于小而薄或者形状较复杂，以及粗晶材料等工件检测还存在一定困难。

6.1 超声检测的基本原理

所谓超声波检测，就是指在不损坏被检对象的情况下，利用进入被检材料的超声波对材料表面与内部缺陷进行检测。依据的是超声波在材料中传播时的一些特征，如：超声波在通过材料时能量会有损失；在遇到两种介质的分界面时，会发生反射、折射和波型转换等。其主要过程由以下几部分组成：

1）用某种方式向被检测的试件中引入或激励超声波。

2）超声波在试件中传播并与试件材料和其中的物体相互作用，使其传播方向或特征被改变。

3）改变后的超声波又通过检测设备被检测到，并由设备对其进行处理与分析。

4）根据接收的超声波的特征，评估试件本身及其内部存在的缺陷的特性。

以脉冲反射技术为例，由声源产生的脉冲波进入到被检测工件后，若材料是均质的，则超声波沿一定的方向，以恒定的速度向前传播。当超声波遇到异质界面（缺陷）时，部分声能就会被反射，通过检测和分析反射声波的幅度、位置等信息，可以确定缺陷的存在，评估其大小和位置。图 6-1 所示为直声束脉冲反射法检测时检测仪波形显示。由图 6-1 知，工件中有缺陷存在时，在始波和底波之间就会有缺陷波出

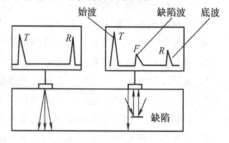

图 6-1　直声束脉冲反射法

现，根据缺陷波的水平刻度和高度，就可以对缺陷进行位置的测定和大小的评定。

6.1.1 超声波

1. 超声波的定义

人们能感觉到的声音是机械波传到人耳引起耳膜振动的反应，能引起听觉的机械波其频

率在 20Hz ~ 20kHz 之间。超声波是频率高于 20kHz 的机械波,它在同一介质中的传播速度是相同的。

由于超声波具有波长短、方向性好、能量高、穿透能力强,以及能在界面上产生反射、折射和波型转换等一些重要特性,因此广泛地应用于无损检测中。

超声检测所用的频率一般为 0.5 ~ 10MHz,对钢等金属材料的检验,常用的频率为 1 ~ 5MHz。

2. 超声波的波型

根据波动传播时介质质点的振动方向相对于波的传播方向的不同,可将波动分为多种波型,在超声检测中主要应用的波型有纵波、横波、表面波(瑞利波)和板波(兰姆波)等。

(1)纵波 纵波是介质中质点的振动方向与波的传播方向互相平行的一种波型。当弹性介质受到交替变化的拉伸、压缩应力作用时,受力质点间距就会相应产生交替的疏密变形,此时质点振动方向与波动传播方向相同,这种波型称为纵波,也可叫做"压缩波"或"疏密波",用符号 L 表示。图 6-2 就是纵波波型示意图。凡是能发生拉伸或压缩变形的介质都能够传播纵波。固体能够产生拉伸和压缩变形,所以纵波能够在固体中传播;液体和气体在压力作用下能产生相应的体积变化,因此纵波也能在液体和气体中传播;因此固体、液体和气体都能传播纵波。

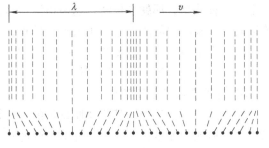

图 6-2 纵波波型示意图

纵波是超声检测中应用最普遍的一种波型,由于纵波的发射与接收较容易实现,在应用其他波型时,常采用纵波声源经波型转换后得到所需的波型。

钢中纵波声速一般为 5960m/s。纵波一般应用于钢板和锻件的超声波检测。

(2)横波 横波是介质中质点的振动方向与波的传播方向互相垂直的一种波型,当固体弹性介质受到交变的剪切应力作用时,介质质点就会产生相应的横向振动,介质发生剪切变形,具有交替出现的波峰和波谷,此时质点的振动方向与波动的传播方向垂直,这种波型称为横波,也可叫做剪切波,用符号 S 或 T 表示。图 6-3 为横波波型示意图。在横波传播过程中,介质的层与层之间发生相应的位移,即剪切变形;因此能传播横波的介质应是能产生剪切弹性变形的介质。自然界中,只有固体弹性介质具有剪切弹性力,而液体和气体介质各相邻层间可以自由滑动,不具有剪切弹性力,所以横波只能在固体中传播,不能在液体和气体介质中传播。

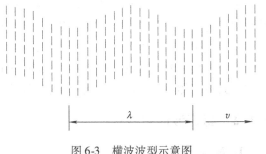

图 6-3 横波波型示意图

实际检测中常应用横波的主要原因是纵波通过波型转换,很容易在材料中得到一个传播方向与表面有一定倾角的单一波型,以对不平行于表面的缺陷进行检测。

钢中横波声速一般为 3230m/s。横波一般应用于焊缝、钢管的超声波检测。

(3)表面波 表面波是横波的一个特例,是仅在半无限大固体介质的表面或与其他介质的界面及其附近传播而不深入到固体内部传播的波型的总称。超声检测中应用的表面波主要为瑞利波，常用 R 表示。瑞利波在介质表面传播时，质点沿椭圆轨迹振动，椭圆长轴垂直于波的传播方向，短轴平行于波的传播方向。图 6-4 为表面波波型示意图。椭圆运动可视为纵向振动与横向振动的合成，即纵波与横波的合成，因此表面波只能在固体介质中传播，不能在液体和气体介质中传播。

表面波的能量随深度增加而迅速减弱，当传播深度超过两倍波长时，质点的振幅就已经很小了，因此，一般认为表面波检测只能发现距工件表面两倍波长深度

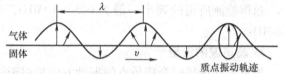

图 6-4　表面波（瑞利波）示意图

内的缺陷。一般用来检测工件表面裂纹、渗碳层和覆盖层质量、钢管检测等。

（4）板波　当板厚、频率和波速之间满足一定关系时，将在板厚与波长相当的薄板中产生另一种波型，那就是板波，超声检测中常用的板波又称为兰姆波。与表面波不同，板波传播时整个板厚内的质点均产生振动，质点振动的方式为纵向振动与横向振动的合成，在不同深度层面上质点振动幅度和方向是变化的，沿薄板延伸方向传播。板波也只能在固体中传播。主要应用于薄板、薄壁钢管检测。

3. 超声波的产生与接收

超声波的获得是利用某些物质特定的物理效应来实现的。自然界中，在一定条件下，可以把一种形式的能量转换成另一种形式的能量。因此，原则上凡是能将其他形式能量转换成超声振动方式的能量都可以用来发生超声波，例如利用机械冲击和摩擦产生超声波的机械方法；利用物体表面突然受热时，由于热膨胀产生机械应力而发生超声波的热效应法；利用铁磁材料在交变磁场中产生交变机械变形而产生超声波的磁致伸缩法；利用通有交变电流的线圈靠近导体，用电磁力作用于工件表面而产生超声波的电磁超声法等。在超声检测中应用最多的是利用某些单晶体或多晶陶瓷的压电效应来获得超声波。

某些电介晶体（如石英，锆钛酸铅，铌酸锂等），通过纯粹的机械作用，使材料在某一方向（如厚度）伸长（或缩短），这时晶体表面产生电荷效应而带正电荷或负电荷，这种效应称为正压电效应。当在这种晶体的电极上施加高频交变电压时，晶体就会按电压的交变频率和大小，在厚度方向伸长或缩短，产生机械振动而辐射出高频声波——超声波，晶体的这种效应称为负压电效应。具有正、负压电效应的晶体称为压电体。

从上述可见，压电效应是可逆效应，正是晶体的这种可逆性，我们就可以用压电晶体来制作超声波换能器，实现超声波和电脉冲之间的相互转换，使发射和接收到的超声波以电信号的形式在仪器上显示出来，从而达到超声波检测的目的。

6.1.2　超声波的声特征

1. 声压

声压是声波传播过程中介质质点交变振动的某一瞬时所受的附加压强，用符号 p 表示。声压的单位是 Pa。其表达式为

$$p = \rho c u \tag{6-1}$$

式中　ρ——介质密度；

　　　u——介质振速；

c——介质声速。

超声检测仪荧光屏上脉冲的高度与声压成正比，因此，通常读出的信号幅度的比等于声压比。

2. 声强和分贝

声强指在垂直于声波传播方向上，单位面积上单位时间内所通过的声能量。因此，声强也称为声的能流密度。对于谐振波，常将一周期中能流密度的平均值作为声强表示

$$I = \frac{p^2}{2\rho c} \tag{6-2}$$

一般来说，能够引起人们听觉的声强范围约为 $10^{-16} \sim 10^{-4} \, \text{W/cm}^2$，最大值与最小值相差 12 个数量级，表示和运算起来不方便，因此通常将声强的比值取对数进行比较计算

$$\Delta = \lg \frac{I_2}{I_1} \tag{6-3}$$

声强级的单位为贝尔（Bel），在实际应用中，贝尔的单位比较大，工程上应用时将其缩小为原来的 1/10 后以分贝为单位，用符号 dB 表示

$$\Delta = 10 \lg \frac{I_2}{I_1} = 10 \lg \frac{p_2^2}{p_1^2} = 20 \lg \frac{p_2}{p_1} \tag{6-4}$$

如果超声波检测仪具有较好的线性，则两个回波的分贝差为

$$\Delta = 20 \lg \frac{p_2}{p_1} = 20 \lg \frac{H_2}{H_1} \tag{6-5}$$

式中 H_1、H_2——检测仪显示屏上的回波高度。

调整检测灵敏度时，可用分贝值表示可检测信号幅度与试块中人工伤反射幅度的关系。进行缺陷评定时，可用分贝值将缺陷显示幅度与人工伤反射幅度进行比较，表示缺陷显示幅度的大小。

3. 声阻抗

超声场中任一点的声压 p 与该处质点振动速度 C 之比称为声阻抗，常用 Z 表示

$$Z = \rho C \tag{6-6}$$

声阻抗 Z 可理解为介质对质点振动的阻碍作用，在同一声压下，Z 增加，质点的振动速度下降。超声波在两种介质组成的界面上的反射和透射情况与两种介质的声阻抗密切相关。

6.1.3 超声波在界面上产生反射、折射和波型转换

1. 超声波垂直入射到平面界面上时的反射和透射

当超声波垂直入射于平面界面时，如图 6-5 所示，在两种介质的分界面上，一部分能量反射回原介质内，称为反射波（声强为 I_r）；另一部分能量透过界面在另一种介质内传播，称为透射波（声强为 I_t）。在界面上声能（声压、声强）的分配和传播方向的变化都将遵循一定的规律。

主要考虑超声波能量经界面反射和透射后的重新分配和声压的变化，此时的分配和变化主要决定于两边介质的声阻抗 Z_1 和 Z_2。声能的变化与两种介质的声阻抗密切相

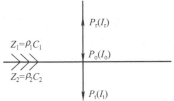

图 6-5　超声波垂直入射于大平面时的反射与透射

关，设波从介质 1（声阻抗 Z_1）入射到介质 2（声阻抗 Z_2），有以下几种情况：

1）当 $Z_2 > Z_1$，比如水/钢界面，声压反射率小于透射率。

2）当 $Z_1 > Z_2$，比如钢/水界面，声压反射率大于透射率。

3）当 $Z_1 \gg Z_2$，比如超声波从固体入射至空气中，声压反射系数接近于 1，声压透射率接近 0。这一情况对于探头晶片也是如此，因此超声探头若与工件硬性接触而无液体耦合剂，而工件表面粗糙，则相当于将晶片置于空气中，声压将产生全反射而不会透射入工件，这也就是超声波检测为何需要耦合剂的原因。

4）当 $Z_1 \approx Z_2$，在声阻抗接近的界面上反射声压非常小，基本可以忽略，而声压透射率和声能透射率均接近于 1，声能几乎全部透射至第二介质。此时几乎全透射，无反射。因此在焊缝检测中，若母材与填充金属结合面没有任何缺陷，是不会产生界面回波的。

2. 倾斜入射到平界面上时的反射和折射、波型转换

当超声波以相对于界面入射点法线一定的角度，倾斜入射到两种不同介质的界面时，除产生同种类型的反射和折射波外，还会产生不同类型的反射和折射波，这种现象称为波型转换，如图 6-6 所示。

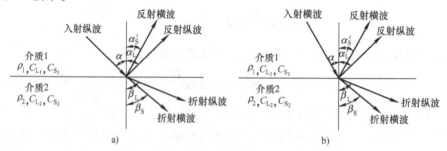

图 6-6　超声波倾斜入射到大平面上的行为示意图

a）纵波入射　b）横波入射

（1）纵波斜入射　当纵波 L 倾斜入射到界面时，处产生反射纵波 L′ 和折射纵波 L″ 外，还会产生反射横波 S′ 和折射横波 S″。各种反射波和折射波方向符合反射、折射定律

$$\frac{\sin\alpha_L}{C_{L_1}} = \frac{\sin\alpha'_L}{C_{L_1}} = \frac{\sin\alpha'_S}{C_{S_1}} = \frac{\sin\beta_L}{C_{L_2}} = \frac{\sin\beta_S}{C_{S_2}} \tag{6-7}$$

纵波斜入射，若 $C_{L_2} > C_{L_1}$，则纵波折射角大于入射角。当折射纵波 $\beta_L = 90°$ 时的入射纵波的角度，称为第一临界角，用符号 α_I 表示。

$$\alpha_I = \sin^{-1}\frac{C_{L_1}}{C_{L_2}} \tag{6-8}$$

当入射波为纵波，第二介质为固体，且 $C_{S_2} > C_{L_1}$ 时，横波折射角也大于入射角。折射横波 $\beta_S = 90°$ 时的入射纵波的角度，称为第二临界角，用符号 α_{II} 表示

$$\alpha_{II} = \sin^{-1}\frac{C_{L_1}}{C_{S_2}} \tag{6-9}$$

当入射角小于 α_I 时，第二介质中既有折射纵波又有折射横波。当入射角大于 α_I 小于 α_{II} 时，第二介质中只有折射横波，没有折射纵波，这就是常用横波探头的制作和检测原理。

当入射角大于 α_{II} 时,第二介质中既没有折射纵波也没有折射横波,这时在其介质的表面存在表面波,这就是常用表面波探头的制作原理。

(2)横波斜入射　同样,当横波纵波 S 倾斜入射到界面时,除产生反射横波 S' 和折射横波 S'' 外,还会产生反射纵波 L' 和折射纵波 L''。各种反射波和折射波方向也符合反射、折射定律

$$\frac{\sin\alpha_S}{C_{S_1}} = \frac{\sin\alpha'_L}{C_{L_1}} = \frac{\sin\alpha'_S}{C_{S_1}} = \frac{\sin\beta_L}{C_{L_2}} = \frac{\sin\beta_S}{C_{S_2}} \tag{6-10}$$

当横波入射角增加到一定程度时,反射纵波 $\alpha'_L = 90°$,在第一介质中只有反射横波,没有反射纵波,即横波全反射。所以定义横波入射时,使纵波反射角达到90°时所对应的横波入射角称为第三临界角,用符号 α_{III} 表示

$$\alpha_{\text{III}} = \sin^{-1}\frac{C_{S_1}}{C_{L_1}} \tag{6-11}$$

当介质1为液体或气体时,则入射波和反射波只能是纵波。由于在同一种介质中纵波波速不变,因此 $\alpha_L = \alpha'_L$,$\alpha_S = \alpha'_S$ 又由于在同一介质中纵波波速大于横波波速,因此 $\alpha'_L > \alpha'_S$,$\beta_L > \beta_S$。

6.1.4　超声波的衰减

超声波在介质中传播时,随着距离增加,超声波能量逐渐减弱的现象叫做超声波衰减。引起超声波衰减的主要原因是波束扩散、晶粒散射和介质吸收。

超声波在传播过程中,由于波束的扩散,使超声波的能量随距离增加面逐渐减弱的现象叫做扩散衰减。超声波的扩散衰减仅取决于波阵面的形状,与介质的性质无关。

超声波在介质中传播时,遇到声阻抗不同的界面产生散乱反射引起衰减的现象,称为散射衰减。散射衰减与材质的晶粒密切相关,当材质晶粒粗大时,散射衰减严重,被散射的超声波沿着复杂的路径传播到探头,在屏上引起林状回波(也称草波),使信噪比下降,严重时噪声会湮没缺陷波。

超声波在介质中传播时,由于介质中质点间内摩擦(即黏滞性)和热传导引起超声波的衰减,称为吸收衰减或黏滞衰减。

通常所说的介质衰减是指吸收衰减与散射衰减,不包括扩散衰减。

6.1.5　各种规则反射体的反射规律

规则反射体的反射规律是研究超声波检测的物理基础,对于超声检测而言,设备灵敏度的校准和检测验收等都需要用到各种规则反射体,规则反射体可以分为大平底、平底孔、方形平面、圆柱面和球形面,这里只介绍大平底和平底孔两种。

大平底是常见的反射面,如厚板的轧制面等,一般用 B 来表示。大平底的反射声压与其距声源的距离成反比,也就是说距离每增加一倍,反射声压将减少 1/2,或者说将降低 6dB。

平底孔也是常见的反射体,平底孔的反射规律为其反射声压与其距声源距离的平方成反比,与平底孔的面积成正比。换句话说,距离每增加一倍,反射声压将减少 1/4,也就是降低 12dB;而平底孔直径每增加一倍,反射声压将上升 4 倍,也就是上升 12dB。

6.2　超声检测方法

6.2.1　按原理分类

1. 脉冲反射法

超声波探头发射一脉冲超声波进入到被检测工件内，当超声波遇到异质界面（如缺陷处）时，产生反射、透射和折射，根据反射回波的情况来判断工件中缺陷的方法，称为脉冲反射法。脉冲反射法包括缺陷回波法、底波高度法和多次底波法。

（1）缺陷回波法　根据仪器示波屏上显示的缺陷波形进行判断的方法，称为缺陷回波法。该方法是反射法的基本方法。图 6-7 是缺陷回波检测法的基本原理，当试件完好时，超声波可顺利传播到达底面，检测图形中只有表示发射脉冲 T 及底面回波 B 两个信号，如图 6-7a 所示。若试件中存在缺陷，在检测图形中，底面回波前有表示缺陷的回波 F 如图 6-7b 所示。

（2）底波高度法　如果工件的材质均匀、厚度一致，工件底面回波在超声检测仪显示屏上的高度应是基本不变的。当工件中存在缺陷时，底波的高度会降低甚至消失，如图 6-8 所示。因此，可以根据底面回波的高度变化来判断工件中的缺陷情况，这就是底波高度法。底波高度法的特点在于同样投影大小的缺陷可以得到同样的指示，而且不出现盲区，但是要求被探试件的探测面与底面平行，耦合条件一致。由于该方法检出缺陷定位定量不便，灵敏度较低，因此，实用中很少作为一种独立的检测方法，而经常作为一种辅助手段，配合缺陷回波法发现某些倾斜的和小而密集的缺陷，这类缺陷往往反射幅度很低，或观察不到反射信号。锻件检测中常用由缺陷引起的底波降低量来判断缺陷。

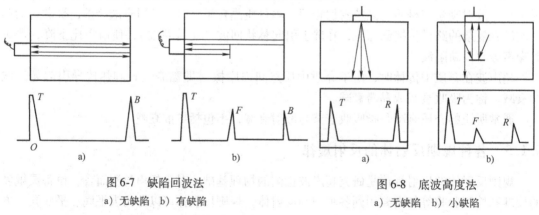

图 6-7　缺陷回波法　　　　　　　　图 6-8　底波高度法
　　a）无缺陷　b）有缺陷　　　　　　　　a）无缺陷　b）小缺陷

（3）多次底波法　当透入试件的超声波能量较大，而试件厚度较小时，超声波可在探测面与底面之间往复传播多次，示波屏上出现多次底波 B_1、B_2、B_3……。如果试件存在缺陷，则由于缺陷的反射以及散射而增加了声能的损耗，底面回波次数减少，同时也打乱了各次底面回波高度依次衰减的规律，并显示出缺陷回波，如图 6-9 所示。这种依据底面回波次数，而判断试件有无缺陷的方法，即为多次底波法。多次底波法主要用于厚度不大、形状简单、探测面与底面平行的试件检测，缺陷检出的灵敏度低于缺陷回波法。

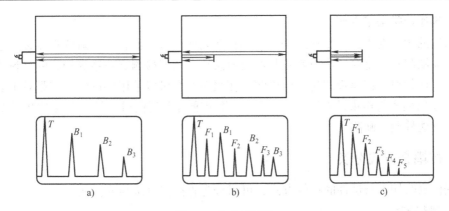

图6-9 多次底波法
a) 无缺陷 b) 小缺陷 c) 大缺陷

2. 穿透法

穿透法（又称阴影法）是依据脉冲波或连续波穿透试件之后的能量变化来判断缺陷情况的一种方法。穿透法常采用两个探头，一个作发射用，一个作接收用，分别放置在试件的两侧进行探测，图6-10a 为无缺陷时的波形，图6-10b 和图6-10c 为有缺陷时的波形。

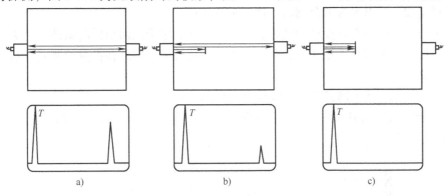

图6-10 穿透法
a) 无缺陷 b) 小缺陷 c) 大缺陷

3. 脉冲反射法与穿透法的特点比较

与穿透法相比脉冲反射法具有以下特点：

（1）灵敏度高 对于穿透法，只有当超声声压变化大于20%时才有可能检测，它相当于声压只降低2dB。由于探头晶片尺寸有一定大小及缺陷本身的声衍射现象，要获得20%声压变化，缺陷对声传播遮挡面积已相当大了。而对于脉冲反射法，缺陷反射声压仅是入射声压的1%时，检测仪就已经能够检出，此时与缺陷反射声压相应的反射面积是很小的。

（2）缺陷定位精度高 脉冲反射法可利用缺陷反射波的传播时间，通过扫描速度调节，对缺陷进行正确的厚度方向定位。而穿透法只能确定缺陷面积，无法确定缺陷在厚度方向的位置。

（3）不需要专门的扫查装置，现场手工操作方便 穿透法中为保持收发两个探头的相对位置，往往需要专用扫查装置，而脉冲反射法单探头工作时不需要任何扫查装置，为各种场合的现场作业带来了方便。

穿透法的优点在于：一是穿透法几乎不存在表面盲区，而脉冲反射法直接接触检测时不能发现表面缺陷；二是穿透法声程较脉冲反射法短，适于检测衰减系数较大的材料或尺寸较大的工件，比如对于特厚板的超声波检测，在很多场合可以采用穿透法；三是对于取向不良的缺陷（反射面不与声束垂直），脉冲反射法将可能得不到反射信号，而穿透法只要缺陷能遮挡声场就能检测出缺陷。

6.2.2 按耦合方式分类

依据检测时探头与试件的接触方式，可以分为直接接触法与液浸法。

1. 直接接触法

探头与试件探测面之间，涂有很薄的耦合剂层，因此可以看作为两者直接接触，这种检测方法称为直接接触法。

此方法操作方便，检测图形较简单，判断容易，检出缺陷灵敏度高，是实际检测中用得最多的方法。但是，直接接触法检测的试件，对探测面表面粗糙度要求较高。

2. 液浸法

将探头和工件浸于液体中以液体作耦合剂进行检测的方法，称为液浸法。耦合剂可以是水，也可以是油。当以水为耦合剂时，称为水浸法。

液浸法检测，探头不直接接触试件，所以此方法适用于表面粗糙的试件，探头也不易磨损，耦合稳定，探测结果重复性好，便于实现自动化检测。因此在批量检测或自动检测中常用液浸法检测。

液浸法按检测方式不同又分为全浸没式和局部浸没式。

（1）全浸没式　被检试件全部浸没于液体之中，适用于体积不大，形状复杂的试件检测，如图 6-11a 所示。

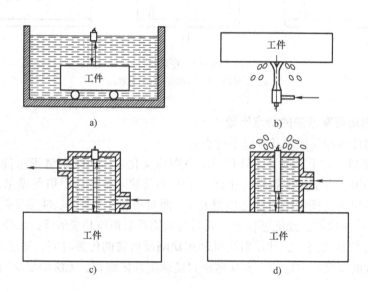

图 6-11　液浸法

a）全浸没式　b）喷液式　c）通水式　d）满溢式

（2）局部浸没式　把被检试件的一部分浸没在水中或被检试件与探头之间保持一定的水层而进行检测的方法，适用于大体积试件的检测。局部浸没法又分为喷液式、通水式和满溢式。

1）喷液式，超声波通过以一定压力喷射至探测表面的检测方法称为喷液式，如图 6-11b 所示。

2）通水式，借助于一个专用的有进水、出水口的液罩，以使罩内经常保持一定容量的液体，这种方法称为通水式，如图 6-11c 所示。

3）满溢式，满溢罩结构与通水式相似，但只有进水口，多余液体在罩的上部溢出，这种方法称为满溢式，如图 6-11d 所示。

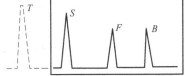

图 6-12　液浸法波形显示

根据探头与试件探测面之间液层的厚度，液浸法又可分为高液层法和低液层法。

全浸没式和局部浸没式只是工件浸没程度的不同，其波形显示是一致的。当工件中没有缺陷时，在始波 T 和底波 B 之间还有一个界面波 S，如图 6-12 所示。

6.2.3　按探头数目分类

1. 单探头法

使用一个探头兼作发射和接收超声波的检测方法称为单探头法。单探头法操作方便，大多数缺陷可以检出，是目前最常用的一种方法。

单探头法检测，对于与波束轴线垂直的片状缺陷和立体型缺陷的检出效果最好。与波束轴线平行的片状缺陷难以检出。当缺陷与波束轴线倾斜时，则根据倾斜角度的大小，能够收到部分回波或者因反射波束全部反射在探头之外而无法检出。

2. 双探头法

使用两个探头（一个发射，一个接收）进行检测的方法称为双探头法。主要用于发现单探头法难以检出的缺陷。

双探头法又可根据两个探头排列方式和工作方式进一步分为并列式、交叉式、V 型串列式、K 型串列式、串列式等。

（1）并列式　两个探头并列放置，检测时两者作同步同向移动。但直探头作并列放置时，通常是一个探头固定，另一个探头移动，以便发现与探测面倾斜的缺陷，如图 6-13a 所示。分割式探头的原理，就是将两个并列的探头组合在一起，具有较高的分辨能力和信噪比，适用于薄试件、近表面缺陷的检测。

（2）交叉式　两个探头轴线交叉，交叉点为要探测的部位，如图 6-13b 所示。此种检测方法可用来发现与探测面垂直的片状缺陷，在焊缝检测中，常用来发现横向缺陷。

（3）V 型串列式　两探头相对放置在同一面上，一个探头发射的声波被缺陷反射，反射的回波刚好落在另一个探头的入射点上，如图 6-13c 所示。此种检测方法主要用来发现与探测面平行的片状缺陷。

（4）K 型串列式　两探头以相同的方向分别放置于试件的上下表面上。一个探头发射的声波被缺陷反射，反射的回波进入另一个探头，如图 6-13d 所示。此种检测方法主要用来发现与探测面垂直的片状缺陷。

（5）串列式　两探头一前一后，以相同方向放置在同一表面上，一个探头发射的声波被缺陷反射的回波，经底面反射进入另一个探头，如图 6-13e 所示。此种检测方法用来发现与探测面垂直的片状缺陷（如厚焊缝的中间未焊透、窄间隙焊缝的坡口面未熔合等）。

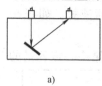 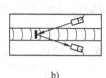 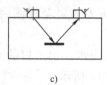 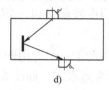 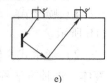

a)　　　　　　　　b)　　　　　　　　c)　　　　　　　　d)　　　　　　　　e)

图 6-13　双探头的排列方式

a）并列式　b）交叉式　c）V 形式　d）K 形式　e）串列式

这种检测方法的特点是，不论缺陷是处在焊缝的上部、中部或根部，其缺陷声程始终相等，从而缺陷信号在荧光屏上的水平位置固定不变；且上、下表面存在盲区。两个探头在一个表面上沿相反的方向移动，用手工操作是困难的，需要设计专用的扫查装置。

3. 多探头法

使用两个以上的探头成对地组合在一起进行检测的方法，称为多探头法。多探头法的应用，主要是通过增加声束来提高检测速度或发现各种取向的缺陷。通常与多通道仪器和自动扫描装置配合，如图 6-14 所示。

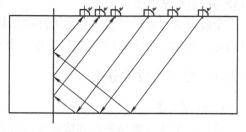

图 6-14　多探头法

6.2.4　按波型分类

根据检测采用的波型，可分为纵波法、横波法、表面波法、板波法、爬波法等。

1. 纵波法

使用直探头发射纵波进行检测的方法，称为纵波法。此时波束垂直入射至试件探测面，以不变的波型和方向透入试件，所以又称为垂直入射法，简称垂直法。

垂直法分为单晶探头反射法、双晶探头反射法和穿透法，如图 6-15 所示。常用单晶探头反射法。

垂直法主要用于铸造、锻压、轧材及其制品的检测，该法对与探测面平行的缺陷检出效果最佳。由于盲区和分辨力的限制，其中反射法只能发现试件内部离探测面一定距离以外的缺陷。

在同一介质中传播时，纵波速度大于其他波型的速度，穿透能力强，晶界反射或散射的敏感性较差，所以可探测工件的厚度是所有波型中最大的，而且可用于粗晶材料的检测。

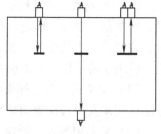

图 6-15　纵波法检测

2. 横波法

将纵波通过楔块、水等介质倾斜入射至试件探测面，利用波型转换得到横波进行检测的方法，称为横波法。由于透入试件的横波束与探测面成锐角，所以又称斜射法，如图 6-16 所示。

此方法主要用于焊缝、管材的检测。其他试件检测时，则作为一种有效的辅助手段，用以发现垂直检测法不易发现的缺陷。

3. 表面波法

利用表面波进行检测的技术称为表面波法。表面波法通常利用的是瑞利波，因此，又称为瑞利波法。

瑞利波的产生方式较多，超声检测中最常用的方式与横波斜射声束接触法的产生方式相似，采用斜角探头，当入射角大于第二临界角，且表面条件适合时，在固体表面上可产生瑞利波。

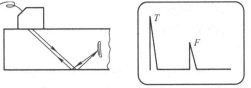

图 6-16　横波法检测

表面波波长比横波波长还短，因此衰减也大于横波。同时。它仅沿表面传播，对于表面上的覆层、油污、不光洁等，反应敏感，并被大幅度衰减。利用此特点可以通过手沾油在声束传播方向上进行触摸并观察缺陷回波高度的变化，对缺陷定位。

瑞利波在传播过程中遇到表面或近表面缺陷时，部分声波在缺陷处仍以瑞利波被反射，并沿试件表面返回，波形上回波的水平位置与缺陷在试件表面距探头入射点的距离相关，如图 6-17 所示。

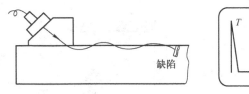

图 6-17　表面波法检测

4. 板波法

使用板波进行检测的方法，称为板波法。主要用于薄板、薄壁管等形状简单的试件检测，板波充塞于整个试件，可以发现内部的和表面的缺陷。但是检出灵敏度除取决于仪器工作条件外，还取决于波的形式。

6.3　超声检测装置

6.3.1　超声波检测仪

超声波检测仪的作用是产生电振荡并加于换能器（探头）上，激励探头发射超声波，同时将探头送回的电信号进行放大，通过一定方式显示出来，从而得到被探工件内部有无缺陷及缺陷位置和大小等信息。

按缺陷显示方式分类，超声波检测仪分为 A 型、B 型和 C 型三种。A 型脉冲反射式检测仪是目前脉冲反射式超声波检测仪最基本的一种显示方式，该方式显示的是沿探头发射声束方向上一条线上的不同点的回波信息。A 型显示检测仪的屏幕的横坐标代表声波的传播距离，纵坐标代表反射波的幅度。由反射波的位置可以确定缺陷位置，由反射波的幅度可以估算缺陷大小，如图 6-18 所示。

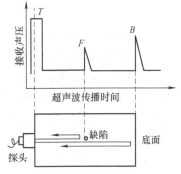

图 6-18　A 型显示原理图

6.3.2　超声波探头

超声波检测是用超声波探头实现电声转换的，因此超声波探头又称为超声波换能器，其电声转换是可逆的。产生超声波的方法很多，但用得最为普遍的还是压电材料制成的超声波探头。

超声波检测探头的种类很多，根据波形不同分为纵波探头（直探头）、横波探头（斜探头）、表面波、板波探头等。根据耦合方式分为直接接触式探头和液浸探头。根据声速分为聚焦探头和非聚焦探头。根据晶片数不同分为单晶探头、双晶探头等。

1. 压电超声探头的基本组成

图 6-19 所示是压电换能器探头的基本结构，压电探头一般由压电晶片、阻尼块、保护膜、电缆线、接头和外壳组成。斜探头中通常还有一个使晶片与入射面成一定角度的有机玻璃斜楔。

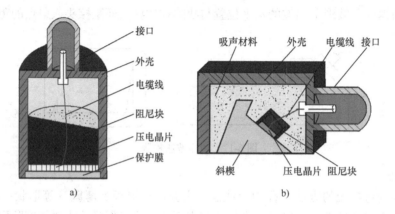

图 6-19　压电换能器探头的基本结构

a）直探头　b）斜探头

下面介绍探头中各组成部分的作用：

（1）晶片　晶片是以压电效应发射并接收超声波的元件，是超声波探头的核心部分，它的性能决定着探头的性能。晶片用压电材料制成。常用的晶片材料有压电单晶和压电陶瓷两种，单晶压电材料常用的有石英，而压电陶瓷有钛酸钡、锆钛酸铅、钛酸铅等。

晶片本身大多不导电，因此通常在其两面均镀上导电材料作为电极，并在电极上引出接线。

晶片的振动频率取决于晶片的厚度和超声波在晶片材料中的声速。

（2）保护膜　保护膜的作用是保护晶片不与工件直接接触以免磨损。常用保护膜有硬性和软性两类。硬性保护膜适用于工件表面光洁且平整的情况，用于粗糙表面时声能损失较大；软性保护膜用于表面粗糙度较差或有一定曲率的表面时，可改善耦合条件。

（3）背衬吸收块（阻尼块）　为提高晶片发射效率，其厚度均应保证晶片在共振状态下工作，但共振周期过长或晶片背面的振动干扰都会导致脉冲变宽、盲区增大。因此在晶片背面填充吸收这类噪声能量的吸收材料，可使干扰声能迅速耗散，降低探头本身杂乱的信号。阻尼块的阻尼作用越大，脉冲的宽度越窄，盲区越小，分辨率越高，但灵敏度会相应减小。

（4）透声楔（斜楔） 双晶直探头和斜探头常用有机玻璃或环氧树脂作为透声楔，一是形成一定的声波入射角，再则可以延迟声束的入射距离，避开探头近场区，减少检测盲区。

2. 探头的主要种类

（1）接触式纵波直探头 接触式纵波直探头用于发射和接收垂直于探头表面传播的纵波，其基本结构如图 6-19a 所示，以探头直接接触试件表面的方式进行垂直入射的纵波检测，故又称纵波探头。

纵波直探头主要适宜探测基本与探测面相平行的缺陷，广泛用于板材、铸件、锻件的检测。

（2）接触式斜探头 接触式斜探头包括横波斜探头、瑞利波（表面波）探头、纵波斜探头、兰姆波探头及可变角探头等。其基本结构如图 6-19b 所示，将压电晶片贴在一有机玻璃斜楔上，晶片与探头表面（声束射出面）成一定倾角。晶片发出的纵波倾斜入射到有机玻璃与试件的界面上，经折射与波型转换，在试件中产生传播方向与表面成预定角度的一定波型的声波。

横波斜探头的入射角在第一临界角与第二临界角之间，其折射波为纯横波。适宜探测与检测面成一定角度的缺陷，广泛用于焊缝、管材、锻件的检测。

表面波探头的入射角通常稍大于第二临界角，可以在工件中产生表面波。表面波探头用于探测表面或近表面缺陷。

纵波斜探头的入射角小于第一临界角，目的是利用小角度的纵波进行检测，或在横波衰减过大的情况下，利用纵波穿透能力强的特点进行纵波斜入射检验。

兰姆波探头的角度需要根据板厚、频率和所选定的兰姆波模式确定，主要用于薄板中缺陷的检测。

横波探头的角度有三种标称方式：

1）以纵波入射角标称。在探头上直接标明楔块形成的入射角。常用的入射角有 30°、45°、50°、55°等。

2）以钢中的横波折射角标称。常用的横波折射角有 40°、45°、50°、60°、70°等。

3）以钢中横波折射角的正切值 K 标称。常用的 K 值有 1.0、1.5、2.0、2.5 等。K 值标称法是我国使用的一种标称方式，在计算钢中缺陷位置时比较方便。

（3）双晶探头（分割探头） 双晶探头有两块压电晶片，一块用于发射超声波，另一块用于接收超声波，如图 6-20 所示。根据入射角不同，分为双晶纵波探头和双晶横波探头。双晶探头主要用于检测近表面缺陷。

（4）聚焦探头 图 6-21 所示为聚焦探头的基本结构，在探头上加上声透镜以产生聚焦声束。聚焦探头分为点聚焦和线聚焦。点聚焦理想焦点为一点，其声透镜为球面；线聚焦理想焦点为一条线，其声透镜

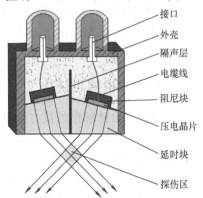

接口
外壳
隔声层
电缆线
阻尼块
压电晶片
延时块
探伤区

图 6-20　双晶探头的基本结构

为柱面。聚焦探头具有良好的方向性，适用于探测曲面零件与晶片垂直方向上一定深度的缺陷。

3. 探头型号和规格

探头的型号标识由以下几部分组成：

1）基本频率：探头的发射频率，用阿拉伯数字表示，单位为 MHz。

2）晶片材料：用化学元素缩写符号表示，见表 6-1。

3）晶片尺寸：压电晶片的大小，圆形晶片用直径表示，矩形用长乘宽表示，单位为 mm。

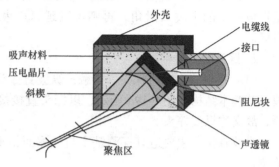

图 6-21　聚焦探头的基本结构

4）探头种类：汉语拼音缩写字母代表示，见表 6-2。

5）探头特征：汉语拼音缩写字母代表示；斜探头 K 值用阿拉伯数字表示；折射角用阿拉伯数字表示，单位为度；双晶探头在试件中的声束汇聚区深度用阿拉伯数字表示，单位为 mm；水浸聚焦探头的水中焦距用阿拉伯数字表示，单位为 mm，用 DJ 表示点聚焦，XJ 表示线聚焦。

表 6-1　晶片材料表示法表

压电材料	代　　号
锆钛酸铅陶瓷	P
钛酸钡陶瓷	B
钛酸铅陶瓷	T
铌酸锂单晶	L
碘酸锂单晶	I
石英单晶	Q
其他压电材料	N

表 6-2　探头种类表达法

探头名称	代　　号
直探头	Z
斜探头（用 K 表示）	K
斜探头（折射角表示）	X
联合双探头（分割头）	FG
水浸探头	SJ
表面波探头	BM
可变角探头	KB

例如：5P8×6K1.5 表示频率为 5MHz，矩形晶片尺寸为 8mm×6mm，K 值为 1.5 的锆钛酸铅晶片斜探头。2.5B20Z 表示频率为 2.5MHz，圆形晶片直径为 20mm 的钛酸钡晶片直探头。

6.3.3　超声波检测用试块

按一定用途设计制作的具有简单几何形状人工反射体的试样，通常称为试块。试块和仪器、探头一样，是超声波检测中的重要工具。

1. 试块的作用

（1）确定检测灵敏度　超声波检测灵敏度太高或太低都不好，太高杂波多，判伤困难，太低会引起漏检。因此在超声波检测前，常用试块上某一特定的人工反射体来调整检测灵敏度。

（2）测试探头的性能 超声波检测仪和探头的一些重要性能，如放大线性、水平线性、动态范围、灵敏度余量、分辨力、盲区、探头的入射点、K值等都是利用试块来测试的。

（3）调整扫描速度 利用试块可以调整仪器屏幕上水平刻度值与实际声程之间的比例关系，即扫描速度，以便对缺陷进行定位。

（4）评判缺陷的大小 利用某些试块绘出的距离-波幅-当量曲线（即实用AVG）来对缺陷定量是目前常用的定量方法之一。特别是对于3N以内的缺陷，试块比较法仍然是最有效的定量方法。此外还可利用试块来测量材料的声速、衰减性能等。

2. 试块的分类及常见试块

超声波检测用试块可以分为标准试块、对比试块两种。

标准试块是由国际、国家有关组织部门推荐、确定和通过使用的。国际上通用的标准试块有ASTM系列试块、IIW试块等，我国的标准试块有CS-1、CS-2系列等。

对比试块则是使用者根据需要自行设计和制造的试块，其用途比较单一。

（1）ASTM铝合金标准试块 由于不同成分的铝合金透声性基本相同，材质较为均匀稳定，所以采用铝合金制作标准试块，它的材料牌号为7075，相当于我国的7A09。图6-22所示为ASTM铝合金标准试块形状和尺寸图。该套试块主要用以纵波脉冲反射法检测，可以用来对探头、检测仪的性能进行测试，调节灵敏度和检测范围等。

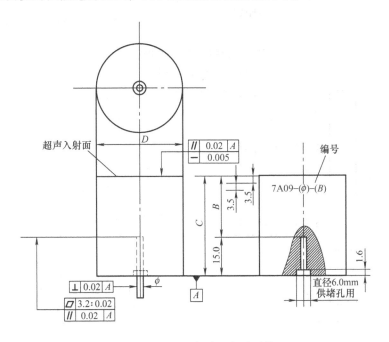

图6-22 ASTM铝合金标准试块

（2）CSK-ⅠA试块 图6-23所示为CSK-ⅠA试块形状和尺寸图。

（3）CSK-ⅢA试块 图6-24所示为CSK-ⅢA试块形状和尺寸图，它是常用于焊缝横波检测的一种对比试块，主要用来调节时基线比例、探测范围和检测灵敏度，测定斜探头K值和横波AVG曲线，并且对缺陷进行定量检测。

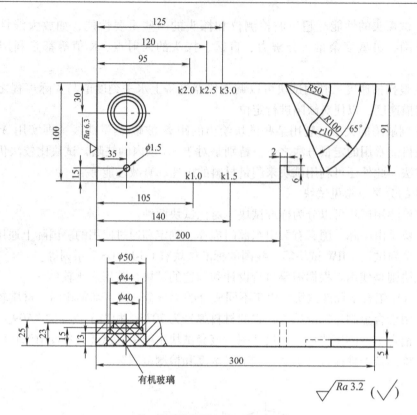

注：尺寸误差不大于 ±0.05mm

图6-23　CSK-ⅠA试块

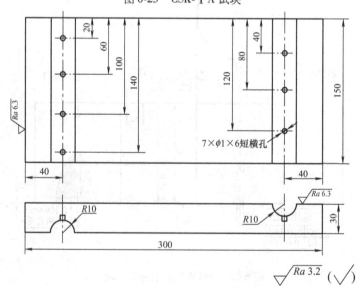

图6-24　CSK-ⅢA试块

6.3.4　耦合剂

超声耦合是指超声波在探测面上的声强透射率。声强透射率高，超声耦合好。为了提高耦合效果，在探头与工件表面之间施加的一层透声介质称为耦合剂。耦合剂的作用在于排除探头与工件表面之间的空气，使超声波能有效地传入工件，达到检测的目的。此外耦合剂还有减少摩擦的作用。一般耦合剂应满足以下要求：

1）能润湿工件和探头表面，流动性、粘度和附着力适当，不难清洗。

2）声阻抗高，透声性能好。

3）来源广，价格便宜。

4）对工件无腐蚀，对人体无害，不污染环境。

5）性能稳定，不易变质，能长期保存。

超声波检测中常用耦合剂有机油、变压器油、甘油、水、水玻璃、水银等。它们的声阻抗 Z 见表6-3。

表6-3　常用耦合剂的声阻抗　　（单位：$Z \times 10^6 \mathrm{kg/m^2 \cdot s}$）

耦合剂	机油	水	水玻璃	甘油	水银
声阻抗	1.28	1.50	2.17	2.43	20.00

由此可见，甘油声阻抗高，耦合性能好，常用于一些重要工件的精确检测，但价格较贵，对工件有腐蚀作用。水玻璃的声阻抗较高，常用于表面粗糙的工件检测，但清洗不太方便，且对工件有腐蚀作用。水的来源广，价格低，常用于水浸检测，但易使工件生锈。机油和变压器油粘度、流动性、附着力适当，对工件无腐蚀、价格也不贵，因此是目前应用最广的耦合剂。

此外，近年来化学浆糊也常用来作耦合剂，耦合效果比较好。

6.4　超声检测应用实例

6.4.1　直射声束纵波检测

1. 检测方法

（1）检测准备与仪器的调整　在实际检测中，为了在确定的探测范围内发现规定大小的缺陷，并对缺陷定位和定量，就必须在探测前调节仪器的扫描速度和灵敏度。

1）扫描速度（时基线扫描比例）调整。仪器示波屏上时基扫描线的水平刻度值 τ 与实际声程 x（单程）的比例关系，即 $\tau : x = 1 : n$ 称为扫描速度或时基扫描线比例。它类似于地图比例尺，如扫描速度1:2表示仪器示波屏上水平刻度1mm代表实际声程2mm。

纵波检测一般按纵波声程来调节扫描速度，以便发现缺陷后对缺陷定位。具体调节方法是：将纵波探头对准厚度适当的平底面或曲底面，使两次不同的底波分别对准相应的水平刻度值。扫描速度的调节可在试块上进行，也可在锻件上尺寸已知的部位上进行。在试块上调节扫描速度时，试块的声速应尽可能与工件相同或相近。

调节扫描速度时，一般要求第一次底波前沿位置不超过水平刻度极限的80%，以便观察一次底波之后的某些信号情况。同时不能利用一次反射波和始波来调节，因为始波与一次反射波的距离包括超声波通过保护膜、耦合剂（直探头）或有机玻璃斜楔（斜探头）的距离时间，这样调节扫描速度误差大。

例如探测厚度为40mm的工件，现用工件底面按扫描速度为1:1来调节。将探头对准工件底面，调节仪器上"深度微调"、"脉冲移位"等旋钮，使底波 B_1、B_2 分别对准水平刻度

40、80，如图 6-25 所示，这时扫描线水平刻度值与实际声程的比例正好为 1:1。

2）灵敏度调整，检测灵敏度是指在确定的声程范围内发现规定大小缺陷的能力，一般根据产品技术要求或有关标准确定。调整检测灵敏度的目的在于发现工件中规定大小的缺陷，并对缺陷定量。检测灵敏度太高或太低都对检测不利。灵敏度太高，示波屏上杂波多，判伤困难；灵敏度太低，容易引起漏检。

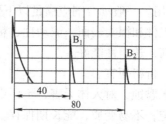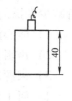

图 6-25　纵波扫描速度的调节

调节灵敏度的方法有两种，一种是利用工件底波计算法来调节，另一种是利用标准试块来调节，当由于工件厚度、几何形状所限或底面粗糙时，应利用具有人工缺陷的试块来调节检测灵敏度。

试块法调节时根据工件对灵敏度的要求选择相应的试块，将探头对准试块上的人工缺陷，调整仪器上的有关灵敏度旋钮，使示波屏上人工缺陷的最高反射回波达基准波高，这时灵敏度就调好了。

例如超声波检测厚度为 100mm 的锻件，检测灵敏度要求不允许存在 $\varPhi 2$ 平底孔当量大小的缺陷。检测灵敏度的调整方法是：先加工一块材质、表面粗糙度、声程与工件相同的 $\varPhi 2$ 平底孔试块，将探头对准 $\varPhi 2$ 平底孔，仪器保留一定的衰减余量，［抑制］调至"0"，调［增益］使 $\varPhi 2$ 平底孔的最高回波达基准波高的 80%，这时检测灵敏度就调好了。

当试块表面形状、粗糙度与锻件不同时，要进行耦合补偿。当试块与工件的材质衰减相差较大时，还要考虑介质衰减补偿。

（2）缺陷评定

1）缺陷位置的确定，超声波检测中缺陷位置的测定是确定缺陷在工件中的位置，简称定位。一般可根据示波屏上缺陷波的水平刻度值与扫描速度来对缺陷定位。仪器按 $1:n$ 调节纵波扫描速度，缺陷波前沿所对的水平刻度值为 τ_{f}，则缺陷至探头的距离 x_{f} 为

$$x_{\mathrm{f}} = n\tau_{\mathrm{f}} \tag{6-12}$$

例如用纵波直探头检测某工件，仪器按 $1:2$ 调节纵波扫描速度，检测中示波屏上水平刻度值 70 处出现一缺陷波，那么此缺陷至工件表面的距离 x_{f} 为

$$x_{\mathrm{f}} = n\tau_{\mathrm{f}} = 2 \times 70 = 140$$

2）缺陷大小的评定，缺陷定量包括确定缺陷的大小和数量，而缺陷的大小指缺陷的面积和长度。目前，在工业超声波检测中，对缺陷的定量的方法很多，但均有一定的局限性。常用的定量方法有当量法、底波高度法和测长法三种。当量法和底波高度法用于缺陷尺寸小于声束截面的情况，测长法用于缺陷尺寸大于声束截面的情况。

当量评定法是将缺陷的回波幅度与规则形状的人工反射体的回波幅度进行比较的方法，如果两者的埋深相同，反射波高相等，则称该人工反射体的反射面尺寸为缺陷的当量尺寸。比如缺陷当量平底孔尺寸为 $\varPhi 2\mathrm{mm}$，或缺陷尺寸为 $\varPhi 2\mathrm{mm}$ 平底孔当量。当缺陷波高与人工反射体的反射波高不相等时，则以人工反射体直径和缺陷波幅度高于或低于人工反射体回波幅度的分贝数表示。比如 $\varPhi 2\mathrm{mm} + 3\mathrm{dB}$ 平底孔当量，表示缺陷幅度比 $\varPhi 2\mathrm{mm}$ 平底孔反射幅度高 3dB。

（3）锻件质量的评定　GJB 1580A—2004 质量验收等级规定见表 6-4。

表6-4 超声检测质量验收等级

| 等级 | 单个不连续性指示 | 多个不连续性指示 | | 长条形不连续性指示 | | 底反射损失 | 噪声 |
	当量平底孔直径 /mm	当量平底孔直径 /mm	间距 /mm	当量平底孔直径 /mm	长度 /mm	（%）	
AAA	0.8	0.4	25	0.4	3		
AA	1.2	0.8	25	0.8	13		
A	2.0	1.2	25	1.2	25	由供需双方商定	
B	3.2	2.0	25	2.0	25		
C	3.2	不要求		不要求			

注：1. 单个不连续性指示的幅度超过所要求等级的当量平底孔指示幅度，为不符合要求。

2. 多个不连续性指示中间距小于25mm，而指示幅度超过所要求等级的当量平底孔指示幅度，为不符合要求。

3. 任何长条形不连续性指示的幅度超过所要求等级的当量平底孔指示幅度和所规定的长度，为不符合要求。

4. 间距指任何两个指示的中心间距。

2. 锻件超声检测工艺卡

锻件超声检测工艺卡示例见表6-5。

表6-5 锻件超声检测工艺卡示例

试件名称	铝合金盘形锻件	材料牌号	7A09	试件规格	直径200mm，高60mm
检测标准	GJB 1580A—2004			检测技术	纵波垂直入射
检测灵敏度	Φ1.2mm平底孔			传输修正	逐渐实测
时基线调节	1:1				
仪器型号	CTS-2020	探头	5P14	耦合剂	机油
扫查方式	端面沿径向扫描	最大扫查间距	5mm	最大扫查速度	不大于50mm/s
对比试块	成套距离幅度试块，孔径1.2mm和2mm，埋深范围5~50mm				
验收要求	GJB 1580A—2004 A级： 1）单个不连续性指示的幅度超过Φ2mm平底孔当量为不符合要求 2）多个不连续性指示中间距小于25mm，而指示幅度超过Φ1.2mm平底孔当量幅度，为不符合要求 3）长条形不连续性指示的幅度超过Φ1.2mm平底孔当量幅度，长度超过25mm，为不符合要求				

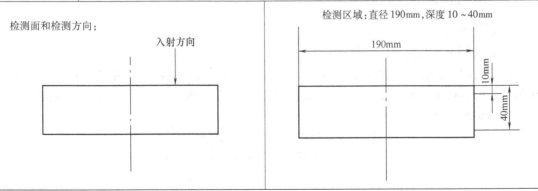

检测面和检测方向：　　　　　　　　　　　　　检测区域：直径190mm，深度10~40mm

记录与标记：

1）任何幅度大于φ1.2mm平底孔当量的不连续指示均应记录其幅度、埋深、指示长度和平面位置

2）合格件和不合格件均应作出明显标记并分开存放

备注：

编制	×××	审核	×××	批准	×××
	年　月　日		年　月　日		年　月　日

3. 锻件超声波检测报告

锻件超声波检测报告示例见表6-6。

表6-6　锻件超声检测检测报告示例

试件材质	GH4169	厚度/mm	60	试件编号		××
仪器型号	CTS-2020	探头型号	5P14	参考试块		$\phi 2$ 平底孔试块
耦合剂	机油	表面补偿	—	灵敏度		$\phi 1.2/80\%$
检测标准	GJB 1580A—2004				验收级别	—

缺陷序号	X/mm	Y/mm	H/mm	BG/BF(dB)	A_{max} $\phi 2 \pm$ dB	评定结果	备注
1	55	119	40	—	−2	合格	
2	−143	−49	32	—	+4	不合格	

示意图:

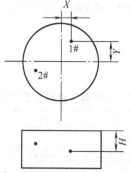

结　论	不合格		
检测员		日　期	
备注	1) X 是缺陷至中心的横坐标 2) Y 是缺陷至中心的纵坐标 3) H 是缺陷至探测面的距离 4) A_{max} 为缺陷最大反射波幅,填写结果为 $\phi 2$ 达到80%时的dB值—缺陷波最高波达到80%时的dB值		

6.4.2　斜射声束横波检测

1. 检测方法

（1）检测准备与仪器的调整

1）斜探头入射点与折射角的测定。横波探头的入射点与折射角的测定可用 CSK- I A 试块测定，根据斜探头折射角的不同标称值，把探头压在 CSK- I A 型试块上的不同位置来测定，如图6-26所示。

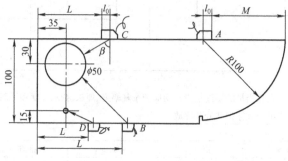

图6-26　测定入射点和折射角

将探头放在 A 位置上移动探头，使 R100 曲面的回波达到最高，此时 R100 圆弧的圆心所对应探头上的点就是探头的入射点。探头的前沿长度为

$$l_0 = 100 - M \tag{6-13}$$

当折射角为 35°~60°时，即 K 值为 0.7~1.73 时，探头放在 B 位置，使用 Φ50mm 孔的回波进行测定。

$$K = \tan\beta = \frac{L + l_0 - 35}{70} \tag{6-14}$$

当折射角为 60°~75°时，即 K 值为 1.73~3.73 时，探头放在 C 位置，使用 Φ50mm 孔的回波进行测定。

$$K = \tan\beta = \frac{L + l_0 - 35}{30} \tag{6-15}$$

当折射角为 75°~80°，即 K 值为 3.73~5.67 时，探头放在 D 位置，使用 Φ1.5mm 孔的回波进行测定。

$$K = \tan\beta = \frac{L + l_0 - 35}{15} \tag{6-16}$$

2）时基线调整。一般横波扫描速度的调节方法有三种：声程调节法、水平调节法和深度调节法。

声程调节法是使示波屏上的水平刻度值 τ 与横波声程 x 成比例，即 $\tau : x = 1 : n$，这时示波屏上水平刻度值直接显示横波声程。

例如利用 CSK-ⅠA 试块调节，将探头对准 R50、R100 圆弧面找到最高反射波，调节仪器使两次反射波 B_1、B_2 分别对准水平刻度 50mm 和 100mm，则声程 1:1 就调好了。

水平调节法是使示波屏上水平刻度值 τ 与反射体的水平距离 l 成比例，即 $\tau : l = 1 : n$，这时示波屏上水平刻度值直接显示反射体的水平投影距离（简称水平距离）。多用于薄板工件焊缝的横波检测。

例如当 K = 1.0 时，利用 CSK-ⅠA 试块调节，先计算 R50、R100 圆弧反射波 B_1、B_2 对应的水平距离 l_1、l_2 为：

$$\begin{cases} l_1 = \dfrac{K \times R50}{\sqrt{1 + K^2}} = \dfrac{50}{\sqrt{2}} \approx 35 \\ l_2 = \dfrac{K \times R100}{\sqrt{1 + K^2}} = \dfrac{100}{\sqrt{2}} \approx 70 \end{cases}$$

然后将探头对准 R50、R100 圆弧面找到最高反射波，调节仪器使 B_1、B_2 分别对准水平刻度 35mm 和 70mm，则水平距离 1:1 就调好了。

深度调节法是使示波屏上的水平刻度值 τ 与反射体深度 d 成比例，即 $\tau : d = 1 : n$，这时示波屏水平刻度值直接显示反射体的深度距离。常用于较厚工件焊缝的横波检测。

例如，当 K = 2.0 时，利用 CSK-ⅠA 试块调节，先计算 R50、R100 圆弧反射波 B_1、B_2 对应的深度 d_1、d_2

$$\begin{cases} d_1 = \dfrac{R50}{\sqrt{1+K^2}} = \dfrac{50}{\sqrt{5}} \approx 22.4 \\[3mm] d_2 = \dfrac{R100}{\sqrt{1+K^2}} = \dfrac{100}{\sqrt{5}} \approx 44.8 \end{cases}$$

然后将探头对准 $R50$、$R100$ 圆弧面找到最高反射波，调节仪器使 B_1、B_2 分别对准水平刻度 22.4mm 和 44.8mm，则深度 1:1 就调好了。

3）横波距离—波幅曲线的测绘。缺陷波高与缺陷大小及距离有关，大小相同的缺陷由于距离不同，回波高度也不相同。描述某一确定反射体回波高度随距离变化的关系曲线称为距离-波幅曲线。在焊缝检测中用距离-波幅曲线（简称 DAC 曲线）调节仪器的灵敏度和对缺陷进行定量。DAC 曲线由判废线 RL、定量线 SL 和评定线 EL（又称测长线）组成，如图 6-27 所示。评定线以上至定量线以下为Ⅰ区（弱信号评定区），定量线至判废线以下为Ⅱ区（长度评定区），判废线以上为Ⅲ区（判废区）。

（2）缺陷评定

1）缺陷位置的确定，横波斜探头检测平面时，波束轴线在探测面处发生折射，工件中缺陷的位置由探头的折射角和声程确定或由缺陷的水平和垂直方向的投影来确定。由于横波速度可按声程、水平、深度等调节，因此缺陷定位的方法也不一样。

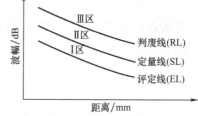

图 6-27　距离-波幅曲线图

①声程定位法，假设超声检测仪按声程 $1:n$ 调节横波扫描速度，检测仪上缺陷波水平刻度为 τ_f，则

一次波检测时　　$\begin{cases} l_f = x_f \sin\beta = n\tau_f \sin\beta \\ d_f = x_f \cos\beta = n\tau_f \cos\beta \end{cases}$ 　　　　　　　（6-17）

二次波检测时　　$\begin{cases} l_f = x_f \sin\beta = n\tau_f \sin\beta \\ d_f = 2T - x_f \cos\beta = 2T - n_f \tau \cos\beta \end{cases}$ 　　　（6-18）

②水平定位法，假设超声检测仪按水平 $1:n$ 调节横波扫描速度，检测仪上缺陷波水平刻度为 τ_f，则

一次波检测时　　$\begin{cases} l_f = n\tau_f \\ d_f = \dfrac{l_f}{K} = \dfrac{n\tau_f}{K} \end{cases}$ 　　　　　　　　　　（6-19）

二次波检测时　　$\begin{cases} l_f = n\tau_f \\ d_f = 2T - \dfrac{l_f}{K} = 2T - \dfrac{n\tau_f}{K} \end{cases}$ 　　　（6-20）

③深度定位法，假设超声检测仪按深度 $1:n$ 调节横波扫描速度，检测仪上缺陷波水平刻度为 τ_f，则

一次波检测时　　$\begin{cases} l_f = Kn\tau_f \\ d_f = n\tau_f \end{cases}$ 　　　　　　　　　　（6-21）

二次波检测时　　$\begin{cases} d_f = 2T - n\tau_f \\ l_f = n\tau K_f \end{cases}$ 　　　　　　　　（6-22）

例如，用 $K1.5$ 横波斜探头检测厚度 $T = 30\text{mm}$ 的钢板焊缝，仪器按深度 $1:1$ 调节横波扫描速度，检测中在水平刻度 $\tau = 40$ 处出现一缺陷波。由于 $T < \tau_f < 2T$，因此可以判定此缺陷是二次波发现的。缺陷在工件中的位置如图6-28 所示，其水平距离 l_f 和深度 d_f 为

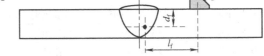

$$\begin{cases} d_f = 2T - n\tau_f = 2 \times 30 - 40 = 20 \\ l_f = n\tau_f K = 40 \times 1.5 = 60 \end{cases}$$

图 6-28　缺陷在焊缝中位置示意图

2）缺陷反射当量大小的确定，移动探头找到缺陷最大回波，调节衰减器将该回波高度调节到基准波 80% 高，读取此时衰减器读数，然后根据该数值在距离-波幅曲线上查找该 dB 值应落在何区域，若落在判废线或以上，即为Ⅲ区，则工件判废；若落在Ⅱ区内，则要按照其长度确定是否判废；若落在Ⅰ区内，除有特殊要求外，一般可以不做考虑。

3）缺陷长度的测定，当工件中缺陷尺寸大于声束截面时，一般采用测长法来确定缺陷的长度。测长法是根据缺陷波高与探头移动距离来确定缺陷的尺寸。6dB 法也是常用的测量缺陷长度的一种方法，由于波高降低 6dB 后正好为原来的一半，因此 6dB 法又称为半波高度法。6dB 法适用于测长扫查过程中缺陷波只有一个高点的情况。具体做法是移动探头找到缺陷的最大反射波后，调节衰减器，使缺陷波高降至基准波高。然后用衰减器将仪器灵敏度提高 6dB，沿缺陷方向移动探头，当缺陷波高降至基准波高时，探头中心线之间的距离就是缺陷的指示长度，如图 6-29 所示。

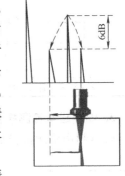

（3）焊缝质量的评定　JB 4730.4—2005 质量验收等级规定见表6-7。

图 6-29　6dB 法示意图

表 6-7　焊接接头质量分级　　　　　　　　　　　（单位：mm）

等级	板厚 T	反射波幅（所在区域）	单个缺陷指示长度 L	多个缺陷累计长度 L'
Ⅰ	$6 \sim 400$	Ⅰ	非裂纹类缺陷	
	$6 \sim 120$	Ⅱ	$L = T/3$，最小为 10，最大不超过 30	在任意 $9T$ 焊缝长度范围内 L' 不超过 T
	$>120 \sim 400$		$L = T/3$，最大不超过 50	
Ⅱ	$6 \sim 120$	Ⅱ	$L = 2T/3$，最小为 12，最大不超过 40	在任意 $4.5T$ 焊缝长度范围内 L' 不超过 T
	$>120 \sim 400$		最大不超过 75	
Ⅲ	$6 \sim 400$	Ⅱ	超过Ⅱ级者	超过Ⅱ级者
		Ⅲ	所有缺陷	
		Ⅰ、Ⅱ、Ⅲ	裂纹等危害性缺陷	

注：1. 母材板厚不同时，取薄板侧厚度值。
　　2. 当焊缝长度不足 $9T$（Ⅰ级）或 $4.5T$（Ⅱ级）时，可按比例折算。当折算后的缺陷累计长度小于单个缺陷指示长度时，以单个缺陷指示长度为准。

2. 焊缝超声检测工艺卡

焊缝超声检测工艺卡示例见表 6-8。

表 6-8　焊缝超声检测工艺卡示例

试件名称	钢焊板	材料牌号	16MnR	试件厚度	22mm
坡口形式	X 形	焊接方式	焊条电弧焊	表面状态	余高未清除
检验标准	JB 4730.3—2005	检验级别	B 级	验收级别	Ⅱ级
仪器型号	CTS—2020	探头型号	2.5P13×13K2	探头前沿	小于 12mm
探头 K 值	K2 探头	对比试块	CSK-ⅠA、CSK-ⅢA		
检测面	单面双侧	耦合剂	机油	表面补偿	4dB
检测区域	28mm	检测方法	横波斜入射	时基线调节	深度 2:1
扫查方式	锯齿形扫查和焊缝两侧斜平行扫查			探头扫查区域	大于 110mm
最大扫查间距	不大于 13mm		最大扫查速度	不大于 150m/s	
检测灵敏度	纵向缺陷:评定线 $\phi1\times6$-9dB 横向缺陷:评定线 $\phi1\times6$-15dB				

探头扫查区域:焊缝两侧110mm区域内,两探头串列式扫查　　检测区域:焊缝两侧28mm区间内

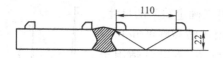

编制	×××	审核	×××	批准	×××
	××年××月××日		××年××月××日		××年××月××日

3. 焊缝超声检测报告

焊缝超声检测报告示例见表 6-9。

表 6-9　焊缝超声检测报告示例

试板材质	16MnR	板厚/mm	22	试件编号	××
仪器型号	CTS-2020	探头型号	2.5P13×13K2	对比试块	CSK-ⅢA CSK-ⅠA
耦合剂	机油	耦合补偿	4dB	检测比例	100%
检测标准	JB 4730.4—2005	灵敏度	$\phi1\times6$—9dB	验收级别	Ⅱ级

缺陷序号	始点位置 S_1/mm	终点位置 S_2/mm	缺陷指示长度 S_2-S_1/mm	缺陷最大波幅				缺陷所在区域	评定级别	备注
				最大波幅位置 S_3/mm	缺陷深度 H/mm	偏离焊缝中心距离 q/mm	缺陷波幅值 A_{max} SL±dB			
1	46	85	39	55	5	−2	SL+15dB	Ⅲ	Ⅲ	
2	203	243	40	210	7	+2	SL+13dB	Ⅲ	Ⅲ	

示意图:

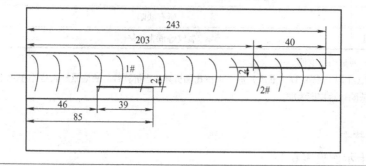 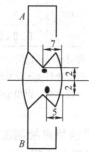

（续）

结 论	Ⅲ级焊缝,返修			
检测员	× × ×	日 期		× ×年× ×月× ×日
备 注	1）S_1 是缺陷左端至试板左端的距离			
	2）S_2 是缺陷右端至试板左端的距离			
	3）S_3 是缺陷最大反射点至试板左端的距离			
	4）H 为缺陷至探测面的距离			
	5）q 是缺陷距焊缝中心线的距离,上方为正,下方为负			
	6）A_{max} 是缺陷最大反射波幅,以定量线为基准表示			

复习思考题

1. 什么是超声波?

2. 纵波、横波、表面波、板波各有什么特点?

3. 超声波的产生与接收机理?

4. 声阻抗的表达式是什么?

5. 什么是第一临界角、第二临界角和第三临界角?

6. 什么是脉冲反射法? 什么是穿透法? 两者各有什么优缺点?

7. 直接接触法和液浸法各有什么特点?

8. 探头的主要分类有哪几种?

9. A 型脉冲反射式超声波检测仪的工作原理?

10. 超声波检测的基本组成是什么? 各有什么作用?

11. 超声波检测用试块的作用是什么? 常用试块有哪些? 各自的用途是什么?

12. 超声检测使用耦合剂的目的是什么? 常用耦合剂有哪些?

13. 简述直射声束纵波检测方法。

14. 简述斜射声束横波检测。

第7章 无损检测新技术

随着航空工业对无损检测需求的不断提高，激光散斑、激光超声、红外热像、结构健康监测等无损检测新技术在航空工业中的应用研究蓬勃展开。本章在阐述激光散斑、激光超声、红外热像、结构健康监测等无损检测新技术的原理与特点的基础上，简要介绍和评述了它们在航空工业中的应用现状以及未来的发展趋势。

7.1 无损检测新技术简介

在航空工业中采用无损检测，对于保证产品质量、降低原材料的损耗，具有十分重要的意义。随着新材料、新结构和新技术在飞行器中的广泛应用，有时会遇到常规无损检测技术无法满足检测要求的情况，如必须在高温、高压、有毒等恶劣检测环境下进行等。激光散斑、激光超声、红外热像、结构健康监测等无损检测新技术也随之应运而生。这些无损检测新技术均具有显示直观、检测速度快、检测效率高，以及可实现非接触、远距离及大面积检测等特点，弥补、克服了常规无损检测技术的检测难点或应用局限，满足了不断提高的检测需求，正逐渐成为航空工业无损检测体系中的新成员，有着广阔的应用前景。

7.1.1 激光散斑检测技术原理、特点及在航空工业中的应用

纵观激光检测技术的发展历史，经历了几个发展阶段。20 世纪 80 年代，出现了激光全息技术，虽具有灵敏度高的优点，也存在着干版化学处理烦琐、必须在隔振台和一定暗室条件下才能工作的缺点。通过 CCD 摄像机取代干版、隔振性能改善等一系列改进，出现了电子散斑干涉技术（ESPI），但其还不能适应现场检测的需要，目前已进入到激光错位散斑技术（Shearography）时代。

激光散斑检测技术（Laser Shearography Testing）是利用激光干涉原理，测量物体表面的离面位移，通过选用适当的加载方式（加热、真空、加压、振动等），使激光超声检测复杂型面零件缺陷处产生与正常部位不一样的离面位移，从而在检测图像中显示出来，其原理如图 7-1 所示。激光散斑检测技术具有非接触检测、微米级能可靠检测、变形信息二维实时显示、能检测出紧贴性脱粘缺陷、高灵敏度和高效率的优点。

激光散斑检测技术已在航空工业中得到广泛应用，据美国 LTI 公司介绍，该公司的激光散斑系统在世界范围内已经安装使用了 450 套，主要用于复合材料结构缺陷的检测。如夹层结构的脱

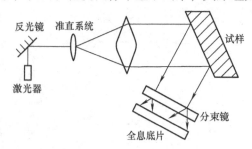

图 7-1　激光散斑检测技术原理

粘、层板结构的分层、蜂窝芯格变形、拼接裂纹、气泡、冲击或撞击损伤、渗水、腐蚀和外来物等。目前高分辨率的激光散斑检测系统可检测出 91.4cm 视场范围内大小仅 0.64cm 的机身脱胶缺陷。值得注意的是由于该技术是通过表面变形检测缺陷的，某些加载方式有时会使被测缺陷产生异常变形，因此，如有可能应先采用材料力学性能数据预测可检测性。

7.1.2　激光超声检测技术原理、特点及在航空工业中的应用

　　激光超声检测技术（Laser Ultrasonic Testing）是一种将激光技术与声学技术相结合的无损检测新技术，其研究始于 1962 年，通过高能脉冲激光加热被测件表面一点，瞬间热膨胀产生超声波向内部传播，再利用光学干涉系统检测表面返回的振动信号，其检测原理如图 7-2 所示。与传统超声检测技术相比，其最主要的优点是非接触检测，消除了传统超声检测技术中耦合剂的影响；超声传播方向与激发用激光脉冲的入射方向无关，适合检测复杂型面的零件；探测激光束可被聚焦成非常小的点，具有微米量级的空间分辨率；加之又是一种宽带检测技术，能精确测量超声位移。但也存在着价格昂贵、单通道检测、效率低等缺点。

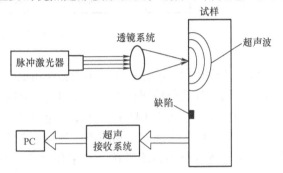

图 7-2　激光超声检测技术原理

　　基于激光超声技术的非接触、遥测、宽带等特点，在航空工业中，主要应用于新型薄膜材料、复杂形状表面结构，以及高温、高压、有毒等恶劣环境下的无损检测。如飞机整体机身的快速激光超声成像、复杂型面飞机零件检测等，复杂型面飞机零件的激光超声检测图像如图 7-3 所示。与扫描探针显微镜相结合，还可开展纳米尺度上的材料特性研究。目前洛克希德·马丁公司已拥有 3 套激光超声检测系统，成功地进行了相关的应用研究。

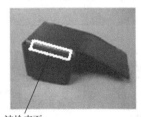

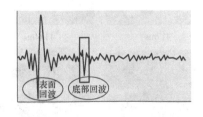

图 7-3　复杂形状表面飞机零件的激光超声检测图像

7.1.3　红外热像检测技术原理、特点及在航空工业中的应用

　　红外热像检测技术（Infrared Thermography Testing）是通过特定加热方式使缺陷处产生与正常部位的温度差，使用红外热像仪监测表面温度，从而发现缺陷，并以视频方式记录下来的检测方法，其原理如图 7-4 所示。与常规无损检测技术相比，具有非接触检测、检测速度快、检测结果显示直观的特点，非常适用于检测机头雷达罩、机身蒙皮等复合材料结构缺陷，如蜂窝积水、近表面分层、脱粘等。

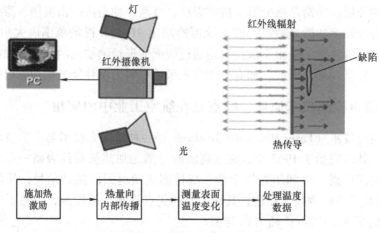

图7-4　红外热像法检测机理

红外热像检测技术已在国外军用和民用航空领域得到了广泛应用。与常规射线检测技术相比，采用红外热像检测技术检测方向舵、升降舵等构件的蜂窝积水，不仅快、方便，而且还可检测出蜂窝结构中10%的积水，目前此技术已分别纳入波音、空客维修手册。对于桨叶内部裂纹，由于常规射线和超声检测技术无法检测，原先只能采用敲击法检测，不仅效率低下，而且测试结果也不准确。现采用红外热像检测技术，1h就可检测一片桨叶。另外，采用红外热像检测技术检测碳纤维复合材料层压板缺陷，也取得了很好的效果，图7-5所示为碳纤维复合材料层压板缺陷红外热像检测图像，图中可清晰地显示圆形缺陷是夹在碳纤维层压板中的聚四氟乙烯层压片形成的，楔形缺陷是不锈钢片抽出后形成的空气隙。

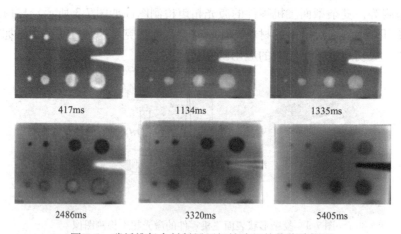

图7-5　碳纤维复合材料层压板缺陷红外热像检测图

应注意的是，由于红外热像技术是通过表面温度变化反映缺陷，故应用该技术时应选择合理的热激励方式使缺陷处产生温度变化，并进行必要的模拟和计算来初步判断可检测性。另外，由于飞机内部结构以及结构材质的不均匀等因素都会影响热传递，并在热像图中有所显示，从而可能会影响缺陷的判定，因此，采用先进的信号分析技术及经验对于缺陷的判定至关重要。

7.1.4　结构健康监测技术原理、特点及在航空工业中的应用

由于民用飞机现行设计寿命一般可达 20～30 年，最多可飞行 90 000 次，未来这一性能指标要求还会更高。据统计，大型国际航空公司运行开支中的 12% 被用于维护和检测，每年可达 90 亿美元左右，而地区性航空公司该费用平均也达到了 20%，每年花费约 10 亿美元。FAA 由此要求采用结构健康监测技术以实现"视情维护"（Condition Based Maintenance），希望航空工业因此每年可节省约 25～30 亿美元。因此，这些都迫切要求在航空工业中开展结构健康监测技术的应用研究。

结构健康监测技术（Structural Health Monitoring，简称 SHM）是一种多领域、跨学科的综合性技术，利用集成在结构中的传感元件，可监测缺陷与损伤、载荷/应变、飞行参数、环境状况等参数，在线、实时获取结构健康信息并进行处理，识别状态及损伤，为航空结构系统的维修维护提供决策依据。其主要目标是将目前常规无损检测技术的人工周期性检测改为连续的自动状态监测，提高可靠性和安全性、减少维护费用、降低整体维护成本。与常规无损检测技术相比，SHM 的传感器通常为永久性安装或嵌入结构，安装后不再需要手工操作传感器，能自动完成在线检测过程，节省人力、避免人员因素干扰。

目前国外一些国家已开展了一系列的 SHM 技术探讨和尝试并初具成效，但由于 SHM 技术是多学科相互结合交叉的技术，且飞机结构形式和使用环境又十分复杂，尚有许多理论和技术难题需要进一步研究和完善，这些都极大地限制了 SHM 技术的实际应用。

7.1.5　微波与金属磁记忆检测技术原理、特点及在航空工业中的应用

微波检测技术（Microwave testing）始于 20 世纪 60 年代，经历了从早期的微波检测仪、微波显微镜到探地雷达，直至对目标进行成像和识别的发展过程。它是基于电磁波的介质特性与反射透射率之间的关系及定位方程的原理进行检测的，具有非接触、非破坏、非电量、非污染的优点。特别是微波在复合材料中的穿透力强、衰减小，克服了超声波和 X 射线等常规检测技术的局限，如 X 射线技术检测平面型缺陷困难。在航空工业中主要用于雷达天线罩、火箭发动机壳体等复合材料构件如气孔、疏孔、树脂开裂、分层和脱粘等缺陷的检测。

金属磁记忆检测技术（Metal Magnetic Memory Testing）是不需对被测表面进行任何磁化处理，获取的是构件本身具有的"纯天然"磁信息进行缺陷识别的。该技术是俄罗斯学者于 1997 年提出的，迄今已在许多领域得到了有效应用，主要适用于铁磁性金属构件失效的早期诊断，以及疲劳强度和寿命评估研究。

7.2　无损检测新技术的发展趋势

随着航空工业检测需求的不断提高，越来越多的无损检测新技术正逐渐成为航空工业无损检测保障体系中的新成员，它们弥补了常规无损检测技术的检测难点，有着广阔的应用前景，未来航空工业无损检测新技术的发展趋势主要有以下几个方面。

1) 快速、高效、自动化检测。为达到提高检测效率、降低检测成本的目的，使之更适合未来航空制造业的需求，提高无损检测技术的功效，必须开展适合航空制造业快速、高

效、自动化检测的探索研究。据统计，国外自 20 世纪 90 年代后期已开始将无损检测技术研究的重点转移到快速、高效、自动化检测的无损检测方向，而且有了初步应用成果。与发达国家相比，目前我国在这方面的差距还很大。

2）缺陷可视化。为使缺陷显示直观及实现对缺陷特征信息的自动、有效的提取和识别，从而为进一步地分析和处置做好前期准备，必须开展缺陷可视化研究。

3）适合航空工业的、采用无损检测新技术的设备、设施的自主研发。无损检测新技术在航空工业中获得效益在很大程度上是通过一定的无损检测硬件平台来实现的。因此，应在充分利用国际技术平台但不盲目采购实物的基础上，自主研究和开发适合航空工业的、采用无损检测新技术的检测设备、设施。

4）国内航空工业无损检测新技术标准和规范体系的建立与完善为获得一定的技术支持，以实现检测结果的准确、可靠，就必须建立与完善国内航空工业无损检测的新技术标准和规范的体系。

虽然从现状看，激光散斑、激光超声、红外热像、结构健康监测等无损检测新技术在航空工业领域大规模的应用还有相当长的一段路要走，但随着检测技术的完善、设备性能的提高、价格的降低以及在航空工业领域应用的逐步深入，可以预见的是，激光散斑、激光超声、红外热像、结构健康监测等无损检测新技术必将获得越来越广泛的应用，发挥更大的作用。

参 考 文 献

[1] 国防科技工业无损检测人员资格鉴定与认证培训教材编审委员会. 涡流检测［M］. 北京：机械工业出版社，2008.

[2] 国防科技工业无损检测人员资格鉴定与认证培训教材编审委员会. 磁粉检测［M］. 北京：机械工业出版社，2007.

[3] 国防科技工业无损检测人员资格鉴定与认证培训教材编审委员会. 渗透检测［M］. 北京：机械工业出版社，2008.

[4] 国防科技工业无损检测人员资格鉴定与认证培训教材编审委员会. 射线检测［M］. 北京：机械工业出版社，2008.

[5] 国防科技工业无损检测人员资格鉴定与认证培训教材编审委员会. 超声检测［M］. 北京：机械工业出版社，2005.

[6] 宋天明. 超声检测［M］. 北京：中国石化出版社，2012.

[7] 林树青，郑晖. 超声检测［M］. 北京：中国劳动社会保障出版社，2008.

[8] 郭伟. 超声检测［M］. 北京：机械工业出版社，2009.

[9] 谢小荣，杨小林. 飞机损伤检测［M］. 北京：航空工业出版社，2006.

[10] 金永君. 激光散斑干涉技术的应用［J］. 煤矿机械，2004（11）.

[11] 吴德新. 激光散斑无损检测技术的研究［J］. 机电产品开发与创新，2008：125-126.

[12] 施德恒. 激光超声技术及其在无损检测中的应用概况［J］. 激光杂志，2004：1-4.

[13] 李国华. 红外热像技术及其应用的研究进展［J］. 红外与激光工程，2004：227-230.

[14] 叶代平，苏李广. 磁粉检测［M］. 北京：机械工业出版社，2004.

[15] 宋志哲. 磁粉检测［M］. 北京：中国劳动社会保障出版社，2007.

[16] 邵泽波，刘兴德. 无损检测［M］. 北京：化学工业出版社，2011.

[17] 邓洪军. 无损检测实训［M］. 北京：机械工业出版社，2010.